AF459281

MÉMORIAL FRANÇAIS

DES BATIMENS, DES ARTS, DES SCIENCES ET DE LA LITTÉRATURE;

Par une Société de Propriétaires, de Savans, d'Artistes et d'Hommes de Lettres.

1ère. Livraison.

TOME PREMIER.

IMPRIMERIE DE POULET.

A PARIS,

AU BUREAU DU MÉMORIAL FRANÇAIS,

Rue Saint-Antoine, n°. 69.

1821.

BUT DE L'OUVRAGE.

PARMI les nombreux Journaux et Ouvrages périodiques qui paraissent à Paris, il n'en existe aucun qui soit spécialement consacré à MM. les Propriétaires, Entrepreneurs de bâtimens, Mécaniciens, Horlogers, Serruriers, etc.... Cependant, tout ce qui est relatif à la construction, aux arts mécaniques, intéresse essentiellement les diverses classes de la société. Par exemple, il ne doit pas être indifférent aux Propriétaires, de connaître quels sont les hommes qui se distinguent dans la construction de toutes les parties du bâtiment et qui ont de véritables droits à la confiance publique. L'immensité de détails que renferme cette sorte d'industrie nationale, exigeait donc qu'une Société d'hommes expérimentés et savans se chargeât de rendre compte, dans l'intérêt de tous, des opérations importantes, des procédés nouvellement imaginés, des productions du génie, et généralement de tout ce qui est du ressort de la construction, des arts et des sciences, afin que les hommes industrieux puissent trouver des débouchés favorables à leurs entreprises, et des moyens de publicité faciles et peu onéreux.

Frappés des avantages qui en résulteront indubitablement pour la société, plusieurs hommes de lettres recommandables par leurs talens et leur expérience, se sont réunis pour composer un Mémorial dans lequel ils insèreront des articles, d'après des notes qui leur seront fournies, sur les Constructions, les Arts mécaniques, les Sciences, la Littérature, les Etablissemens philantropiques, l'Agriculture, etc., etc..... Chaque Numéro du Mémorial sera terminé par un grand nombre d'Annonces relatives à tous ces objets.

MM. les Rédacteurs se transporteront, au besoin, et lorsqu'ils le jugeront nécessaire pour mettre plus de précision dans la rédaction des articles, chez les personnes qui désireraient en faire insérer sur des objets compliqués qui demanderaient un examen approfondi.

Il ne sera inséré aucun article sur la politique.

Le prix de l'abonnement est de 6 fr. pour trois mois, 12 fr. pour six mois, et 24 fr. pour l'année.

Le Mémorial Français, dont chaque livraison ne pourra être composée de moins de 48 pages in 8°., paraîtra plus d'une fois par mois, à partir du 10 janvier 1821.

MÉMORIAL FRANÇAIS

DES BATIMENS, DES ARTS, DES SCIENCES ET DE LA LITTÉRATURE.

INDUSTRIE FRANÇAISE.

Sur la Caisse hypothécaire et ses résultats ; par M. Berthevin.

(PREMIER ARTICLE.)

Riche de tous les dons de la nature, placé entre deux mers, abrité des vents dévorans de l'Est par les Alpes et leurs prolongemens, et des vents brûlans de l'Afrique par les Pyrénées gigantesques, favorisé d'un climat doux, d'une température flexible, qui se prête également aux productions du Nord et du Midi ; le sol de la France peut encore s'enrichir et doubler les produits dont il paie les soins du cultivateur. Il est couvert d'une population forte, active, ingénieuse ; il est coupé par des rivières dans toutes les directions ; cependant, il attend encore un grand accroissement : il nous faudra améliorer nos méthodes de culture, en introduire de nouvelles, demander à l'ingénieur ces arrosemens artificiels, qui fécondent les terres en décuplant les sinuosités de l'eau qui les abreuve : il nous faudra qu'une législation protectrice soit la providence des champs, qu'elle se mette en harmonie avec les mœurs, les intérêts, les habitudes du propriétaire, du colon et du consommateur ; qu'elle favorise les manufactures rurales, qui, utilisant les heures oisives de l'hiver, font refouler la population dans les campagnes, au lieu de l'entasser dans les villes. Si à ces bienfaits on joint l'extension du commerce, la suppression des foires, trop multipliées, les routes rendues plus viables, les communications devenues plus faciles par la création des canaux que le Roi promet à ses peuples, la diminution successive des impôts qui pèsent sur l'agriculture, une perception moins rigoureuse ; alors la civilisation aura atteint un grand but ; mais quel heureux choix de moyens, pour amener ces résultats inespérés ?

Il n'entre pas dans notre plan de nous livrer à l'examen successif de ce qu'il est nécessaire de faire dans toutes les parties de l'administration, pour réaliser ce rêve de l'amour du bien public, de cette soif du bonheur de son pays ; nous ne voulons nous livrer, aujourd'hui, qu'à la discussion des moyens généraux à employer pour que l'application des capitaux puisse aider les efforts de l'agriculture ; et comme cette discussion même dépasserait notre but, nous imiterons la méthode d'exclusion des mathématiciens, en démontrant qu'il n'est pas donné à la Caisse hypothécaire, malgré ses brillantes promesses, d'opérer ces prodiges, et de féconder notre belle France : pour cela, nous n'avons qu'à faire l'examen comparatif des services que pourrait attendre la propriété d'un bon système de banque, dans lequel l'application des fonds servirait les entreprises agricoles, et augmenterait la masse de ses produits, avec l'appui qu'elle recevrait de fonds puisés dans la Caisse hypothécaire.

Mais laissons parler les auteurs du *prospectus* qu'elle délivre au lieu même de l'établissement de la compagnie du Phénix (1), local provisoire, où elle a placé l'attente de ses bureaux : elle va nous apprendre tous les bienfaits qu'elle croit pouvoir réaliser en faveur de la propriété. « On convenait de l'invasion toujours » croissante de l'usure ; une foule de renseignemens » authentiques ne laisse aucun doute sur sa fatale in- » fluence dans un grand nombre de départemens ; la » propriété, presque partout, se plaint d'être privée » de moyens de crédit ; l'institution présentée vient à » son secours : elle porte un coup mortel à l'usure, en » lui opposant une concurrence que le temps rendra » bientôt victorieuse ; elle vient favoriser les entre- » prises agricoles, les défrichemens, tous les essais » d'amélioration ; elle facilite au propriétaire les com- » binaisons analogues à sa situation présente ou à ve- » nir, et par-là elle lui ôte la crainte de se voir arrêté, » dans ses entreprises, par des remboursemens con- » sidérables à faire à la fois, ou par les sacrifices » nécessaires pour les assurer à des termes rappro- » chés. »

On veut connaître l'établissement qui doit réaliser ces promesses. Qu'est-ce que la Caisse hypothécaire ? Elle se définira elle-même : *une grande institution offerte à la France, dont le but est de donner aux pro-*

---

(1) Si c'est un emblème que l'administration a voulu choisir, il était impossible qu'il fût plus ingénieux : déjà plus heureuse que l'oiseau de la fable, la Caisse a trouvé, après une première mort, l'heureux droit de revivre.

priétaires des moyens sûrs, faciles et peu onéreux, soit d'éviter une ruine plus ou moins imminente, soit de se livrer à des opérations d'améliorations productives. Pour qu'une définition soit exacte, il faut que la chose définie et la définition puissent être mises à la place l'une de l'autre. Or, je le demande, qu'on interroge un publiciste, un financier; donneraient-ils, d'après le point-de-vue d'où ils la considèrent, cette définition? Un emprunteur, un actionnaire, un membre de la chambre de garantie, un porteur d'obligations, la définiraient-ils ainsi? Le publiciste n'y verrait qu'une Caisse de prêt, qui fait la fonction d'une banque territoriale, et qui aura cherché, par quelque expédient, à remplacer les moyens de circulation, qui sont le principe, l'âme des banques, et il aura attendu l'opinion du financier pour savoir si une heureuse combinaison a pu suppléer à cette fixité de valeurs qui ne sont réalisables qu'avec le temps : fixité qui ôte au signe le moyen de production, et par conséquent le caractère de valeurs de banque. Quand il aura su que tout le système de gain consiste dans la triste ressource d'un appât de prêt à 4 pour 100, tandis que le taux réel est à 8, le publiciste haussera les épaules, et le financier et lui s'écrieront : Combinaison pitoyable; la Caisse hypothécaire n'est qu'une *maladresse financière*; comment un emprunteur peut-il la définir? Ici, il faut distinguer trois époques : l'emprunteur avant la transaction, pendant la transaction, et lorsqu'il est obligé d'exécuter le contrat; avant l'opération, il examinera, il verra que le mode de prêt de la Caisse lui est le moins favorable de tous; il ne se rendra qu'en désespoir de cause, et il définira la Caisse, *dernière ressource d'un débiteur menacé d'une ruine imminente.* Est-il au moment même de réaliser son emprunt? s'il suit la tortueuse ambiguité des formes, s'il subit les grapillages que la Caisse exerce, elle lui paraîtra être ce qu'est un piége auquel on s'est laissé prendre, et qu'on est contraint de traîner après soi. A chaque paiement, M. de Bricogne lui reviendra en mémoire ; il voudra voir l'inscription proposée par lui, de *Caisse usuraire* substituée à celle de *Caisse hypothécaire.* Plus modérés, plus impartiaux, moins humoristes, nous nous contenterons de la définir : *Caisse de prêts* sur hypothèque, à un taux de 3 pour cent au-dessus de l'intérêt légal, et supérieur au revenu de la propriété de 5 pour cent. La nature de cet établissement, les bases sur lesquelles il repose, sont les plus solides, puisque les valeurs qu'il reçoit sont des affectations successives de la propriété, c'est à-dire des valeurs de crédit. Examinons ces effets, ou, ce qui est la même chose, réduisons à l'expression la plus vraie les effets de la Caisse. Si nous adoptions les conclusions de l'auteur des Statuts, nous dirions que la Caisse offre aux propriétaires des moyens *sûrs*, *faciles*, *peu onéreux*, *de se libérer ou d'améliorer l'immeuble; sûrs :* la sûreté des moyens est relative à la quotité des fonds et à l'espèce de service auxquels ils sont appliqués ; *faciles :* c'est une question résolue négativement par l'embarras des formes, pour obtenir le prêt ; par celles à suivre pour réaliser les obligations ; *peu onéreux :* je ne crois pas qu'il soit possible de trouver des mots plus énergiques, si l'on a voulu faire une antiphrase, c'est-à-dire exprimer le contraire de ce qui est. Le prêt sera onéreux par le taux excessif auquel il est effectué ; onéreux parce que, pendant vingt années, la propriété est grevée d'une hypothèque première qui ne permet pas la possibilité de recourir à un nouveau prêt ; onéreux enfin, parce que, dans l'espace des vingt ans, si on veut se libérer, on ne le peut qu'avec les sacrifices les plus durs.

Le prêt par obligations sur hypothèques premières est préférable dans ses moyens ; il a la même sûreté que le prêt de la Caisse ; la simplicité de ses formes ne saurait être plus grande : il devient moins onéreux que le prêt de la Caisse, puisque quand les notaires sont assez délicats pour ne pas exiger la commission de 1 pour cent pour droit de recherche de fonds, d'un demi pour cent pour renovation de contrats ; commission que réprouvent et la probité et l'honneur ; alors le taux du prêt sera de 5 pour cent, outre le coût de l'obligation : ce taux excède la rente de près de 3 pour cent ; mais non pas comme à la Caisse, de près de 6.

Si nous considérons les opérations du prêt, dans ses effets, nous trouverons qu'il est funeste aux emprunteurs, peu avantageux aux actionnaires, et dangereux aux chambres de garantie. Nous avons vu qu'un débiteur qui aura recours à la Caisse, ne se peut libérer qu'avec les plus grands efforts ; nous n'ajouterons, à ce que nous en avons dit, qu'une seule considération : la propriété entière se trouve engagée pendant vingt ans, et cela en recevant une somme égale aux neuf vingtièmes de la valeur de l'immeuble, le taux étant de 8 pour cent pour les neuf vingtièmes, est de 3,6 pour la propriété ; comme elle ne donne de rente qu'environ 2 et demi pour le prêt des neuf dixièmes de sa valeur, l'immeuble devra tous les ans payer 1 pour cent de son produit, outre une partie de la somme destinée à éteindre le capital. Cet effort est au-dessus des moyens effectifs d'un propriétaire, et le conduit à sa perte. La pente en est ménagée, mais le précipice n'en est pas moins le but.

Si ce prêt est destiné à une amélioration, alors cette affectation de la somme doit être compensée par le bénéfice qu'elle procure ; or, si ce qui est l'hypothèse la plus habituelle, l'amélioration est temporaire, sans ajouter à la valeur du fonds, on voit qu'il faudrait que le revenu ou la rente de la terre s'accrût dans une progression inespérable, pour que dans le nombre d'années du prêt, c'est-à-dire vingt ans, on pût doubler la valeur du fonds, et c'est cependant cette somme qu'il faut débourser.

Ce cas est celui qui est le plus favorable à l'emprunteur et au prêteur, puisque le gage augmente, que l'application est productive, et qu'en résultat, la sécurité du premier est accrue, et la perte du deuxième est diminuée de toute la puissance de l'amélioration : et dans ce cas même, il ne reste à l'emprunteur que la différence de la valeur première et de la valeur seconde qui vient s'ajouter à la moitié de la valeur primitive.

Nous croyons avoir suffisamment développé ce que les emprunteurs peuvent espérer des secours qui leur sont offerts par la Caisse; quand nous examinerons les calculs dont elle s'appuie, nous aurons une preuve nouvelle de tout ce que nous avançons ici.

La deuxième classe d'intéressés aux opérations de la Caisse, sont les capitalistes actionnaires : le *prospectus* leur fait envisager, qu'en s'associant à cet établissement, 1°. *ils assurent la conservation de leur capital;* 2°. *qu'ils le font fructifier avec des chances de bénéfices de beaucoup supérieurs aux risques;* 3°. *qu'ils préservent la mise de leurs fonds des craintes de réductions opérées par l'excès des dépenses administratives.* Nous adoptons avec franchise la première et la troisième assertion; car, en effet, l'hypothèque générale réduit les risques *au millième*, et l'abonnement des frais administratifs, graduel et proportionnel à la masse des capitaux sur lesquels on opère, ne permet aucun doute, repousse tout examen : il n'en est pas ainsi des bénéfices promis; leur *éventualité* peut faire la matière d'un doute; et le Dante, aussi bien que M. Bricogne, aurait bien pu fournir une inscription pour la Caisse. On lirait au-dessus de la porte de cette Caisse : *Voi ch'intrate, lasciate ogni speranza;* prêteurs, emprunteurs qui entrez ici, déposez toute espérance.

La société assure à ses actionnaires, 1°. un bénéfice de 6 pour cent comme intérêt; 2°. le dividende est assis sur la différence qui existe entre les annuités et les obligations, c'est-à-dire sur environ 2 pour cent; mais comme déjà 1 pour cent a servi les frais de garantie et d'administration, on voit l'impossibilité d'accroissement indéfini. Les valeurs qu'elle émet ne sont pas des valeurs de circulation, elle ne peut les porter qu'aux 17/20 de son avoir; donc elle ne peut avoir que des bénéfices peu considérables; car, j'avoue mon ignorance, j'ai lu au moins dix fois l'article 58 des statuts, pour y chercher le mode qui permettrait le retour à la Caisse et la sortie des obligations, et cela jusqu'à dix-sept fois, ma sagacité a été en défaut, et celle même d'amis qui s'occupent d'opérations financières, et habitués aux mouvemens des fonds, n'a pu m'éclairer sur cette nature de mouvemens, et l'espèce de circulation-productive dont les obligations seraient susceptibles (1).

Une question délicate, et dont, nous l'avouons, la solution nous a vivement occupés, peut faire douter si la responsabilité *morale* qui lie les chambres de garantie envers la Caisse, n'entraîne pas, pour elles, une responsabilité réelle et de droit envers les emprunteurs, ou, en d'autres termes, si la validité des titres et des hypothèques dont elles sont les garants ne fait pas supposer qu'ils doivent répondre aux emprunteurs, que la Caisse acquittera, à leurs échéances, les obligations qui représentent l'immeuble. Il est de fait que dans un cas peu présumable où la Caisse ne les paierait pas, le porteur d'obligations aurait recours contre le gage

---

(1) Nous avons bien entrevu une combinaison où l'obligation faisant une fonction de numéraire était émise indéfiniment; mais l'honneur repousse cette idée.

hypothécaire, et, par conséquent, ce sinistre pourrait retomber sur l'emprunteur, et comme celui-ci ne connaît que la chambre qui a stipulé, au nom de la Caisse, n'aurait-il pas, à son tour, action contre elle ?

Appuyés sur l'axiôme de Mirabeau : *Rendre les terres commerçables, c'est leur donner leur plus grande valeur*, les financiers s'évertuent, depuis un demi-siècle, à résoudre le problème de la banque territoriale. Jusqu'ici leurs efforts ont échoué, parce que pour l'agriculteur, l'emploi de l'argent que lui donne le prêt est immédiat, qu'aucun besoin n'en ramène plus la présence, que la représentation variable en est impossible, parce que la production qu'elle fait naître ne peut pas être instantanée.

Cependant les prêts à la propriété, quelque lent que soit le résultat qu'ils offrent, finissent, dans les mains de l'agriculteur, par être les plus productifs de tous en réalité. Leur solidité n'est pas contestée ; le gage est immobile et survit à toutes les révolutions : donnons-lui le temps pour auxiliaire, et il offrira le résultat que nous annonçons. Un fait prouvera plus que toutes nos assertions. L'acquisition d'une propriété est la nature du prêt la plus fréquente : or, les propriétés acquises il y a cent années ont quadruplé de valeur. Il y a cent ans, comme aujourd'hui, le taux de la rente ou revenu de la terre était de 2 pour cent moindre que le taux légal ; donc le revenu étant quadruple, est dans le rapport de 12 à 13 pour cent, avec le capital, et cependant, dans ce court intervalle, la propriété, outre les impôts, a subi par les mutations une perte d'au moins 30 pour cent de cette valeur primitive. Or, je le demande, quelle est la combinaison commerciale qui présenterait ce résultat final ?

Il est donc bien regrettable qu'à une sorte de placement si avantageux ne puisse pas être joint le système de circulation qui, en multipliant les capitaux qui y sont consacrés, augmente d'autant ses moyens de puissance.

La caisse hypothécaire ne crée aucune valeur de crédit ; toutes ses combinaisons sont mesquines ; les échéances traînantes qu'elle propose, sont en sens inverse des mouvemens de la circulation. La valeur représentative une fois utilisée ne reproduit plus ; et donc, si on la considère dans les rapports qu'elle peut avoir avec la richesse nationale, on ne voit pas comment elle pourrait y ajouter ; elle paralyse la tendance à la mutation, par conséquent à l'amélioration que presque toujours en reçoit la propriété.

Nous avons prétendu que le prêt était à 8 pour cent, et il nous faut ici le démontrer. Qui croirait, à voir les aberrations qui ont eu lieu depuis long-temps sur cet article, que ces doutes existent parmi le peuple le plus éclairé de l'univers; que des hommes, d'ailleurs éminemment capables, ont pu se livrer à des calculs hypothétiques, sur une question dont les élémens se retrouvent dans tous les traités les plus élémentaires. Mais l'étonnement s'accroîtra en voyant qu'un financier, un homme qui aurait dû au moins vérifier avant d'énoncer sa proposition ; un homme qui, en attaquant jusqu'à ce jour, eut tant de succès, a pu, dans un article où il met son nom, dépasser du double le taux de cet intérêt. Le bon sens, le simple bon sens d'un marchand de la rue Saint-Denis, n'eût jamais pu tomber dans l'erreur dans laquelle a donné M. Bricogne, en portant à 17 et demi pour cent ce taux. Le marchand eût raisonné ainsi : Si le prêt était à 10 pour cent, l'intérêt de 9,000 serait de 900 fr., et dans cette hypothèse, le capital resterait 9,000 fr., au bout d'un an comme au bout de vingt. Or, au bout de vingt années, le capital est éteint : donc c'est au-dessous de 10 que je dois porter le taux de l'intérêt.

Aucun système d'extinction n'est plus ingénieux que l'annuité ; son application tient aux premières notions des progressions géométriques ; mais il y a une hypothèse qui demande une sorte de facilité à manier l'instrument du calcul, c'est celle où de ces quatre choses, le capital, le nombre d'années pour lequel il est prêté, l'annuité, ou somme annuelle, destinée à diminuer la dette, le taux de l'intérêt ; les trois premières sont connues, trouvez la quatrième, car il faut des artifices de calcul pour obtenir même une approximation.

Pour donner à nos lecteurs toute satisfaction à cet égard, nous offrons six tables : la première est à 8 pour cent, taux du prêt, avec une annuité de vingt ans ; on y voit que la dernière année le capital restant, joint à l'intérêt, donne encore les 900 francs de l'annuité à 673 francs près, différence qui provient des fractions de centimes négligées. Donc le taux auquel prête la Caisse est 8 pour cent ; dans la deuxième, nous voyons que si le prêt était à 4 pour cent, la Caisse devrait, après vingt ans, 7,438 francs. La troisième établit les mêmes calculs à 5 pour cent, et la Caisse ne devrait plus que 5,887 francs. Dans ces deux tables, on voit que si la balance s'établit avec une annuité de 900 fr. à 4 pour cent, l'emprunteur ne serait tenu à la servir que pendant douze ans et demi ; et à 5 pour cent, pendant treize ans et demi.

Les tables cinq et six prouvent qu'à 4 pour cent le capital serait éteint en vingt ans, avec une annuité de 662 fr. 73 centimes ; et avec une annuité de 723 fr., si le taux était de 5 pour cent.

La sixième table nous présente le tableau exact des époques diverses auxquelles un capital est doublé ou triplé, et cela à tous les taux, depuis un jusqu'à douze.

Pour la solution complète de toutes ces questions qui regardent l'annuité ou l'intérêt composé, il ne nous a fallu que suivre la marche tracée par deux formules d'algèbre : ce moyen puissant de calcul devrait plus souvent être consulté, surtout quand les élémens d'une question se compliquent. La finance pourrait lui devoir quelques combinaisons nouvelles.

Ici devrait naturellement finir notre tâche ; et nous l'aurions fait, si la lecture de l'article du journal des Débats, où M. de Bricogne a entassé des erreurs de calcul, où il a prouvé qu'un grand financier pouvait se méprendre sur la position même de la question, ne nous avait pas fait naître quelques réflexions.

(La suite à un prochain Cahier).

ARCHITECTURE GOTHIQUE.

Description de l'Eglise cathédrale d'Amiens, par M. Jeannin.

(premier article).

La ville d'Amiens, capitale de l'ancienne province de Picardie, est une des plus antiques cités du royaume de France. Elle a été, pendant plusieurs siècles, le siége principal de nos rois. Ses fortifications, qui la rendaient en quelque sorte inexpugnable, ont été démolies depuis la révolution, et des promenades magnifiques ont fait place aux bastions, aux remparts et aux demi lunes, qui donnaient à cette ville de guerre un aspect formidable, et peu propre à récréer la vue du philosophe paisible et ennemi de toutes les expéditions militaires, à la suite desquelles la société, loin de se civiliser et d'étendre ses connaissances dans les arts utiles et agréables, se replonge, au contraire, dans un état complet de barbarie où l'ignorance et la force matérielle sont les seuls titres dont on puisse se prévaloir pour dominer sur ses semblables.

Amiens renferme peu de monumens remarquables; et, si l'on en excepte sa cathédrale, l'un des plus beaux édifices gothiques que l'Europe possède, je ne vois pas trop ce qui me resterait à citer.

Je vais entrer dans quelques détails sur les nombreuses beautés que cet édifice renferme, ainsi que sur les dimensions et les proportions d'après lesquelles il a été construit. Cependant, je dois prévenir le lecteur que l'impartialité exige que je fasse ressortir, en même temps, les vices de construction provenant de l'ignorance des artistes dans les vrais principes de l'art d'élever des édifices, afin de lui faire voir que les anciens architectes, comme les nouveaux, n'ont jamais su bâtir solidement sans employer des moyens artificiels et ruineux, tels que les arcs-boutans, les ligamens en fer, la soudure et autres.

Les églises cathédrales qui avaient été construites dans le diocèse d'Amiens, antérieurement à l'année 1218, ont toutes été détruites, soit par le feu du ciel, soit par d'autres accidens. La dernière fut entièrement réduite en cendres dans le courant de cette année, et sous les titres de l'évêché et du chapitre ont été la proie des flammes.

Deux ans après ce désastre, *Evrard*, évêque d'Amiens, conçut le projet de la faire reconstruire. Son chapitre et lui choisirent pour emplacement un terrain contre les remparts, parce que, dans cet endroit, le sol est moins marécageux qu'ailleurs. Le plan fut dressé par *Robert de Luzarches*, l'un des plus grands architectes de son temps, et les fonds nécessaires à cette vaste entreprise furent fournis, sur les vives sollicitations du prélat, par le clergé et les habitans.

On jeta les fondemens en l'an 1220, et la première pierre fut posée la même année, par l'évêque Evrard, sous le règne de Philippe-Auguste.

Il a fallu trois années entières pour combler les fondations des 126 pilliers du chœur et de la nef. Le terrain sur lequel la cathédrale est bâtie étant marécageux, les fouilles ont dû être très-profondes.

Une maçonnerie de deux mètres environ d'épaisseur, partant du milieu de la nef et se prolongeant jusqu'aux deux extrémités de l'église, lie les fondemens des quarante pilliers qui supportent toute la largeur de la nef.

La galerie intérieure est garnie d'un lien de fer qui l'environne dans son pourtour. Ce lien qui cesse au rond-point du chœur a 95 millimètres de largeur sur 54 d'épaisseur. L'évêque Evrard mourut dans la troisième année des travaux ; il fut enterré au milieu de la nef, au-dessous d'un compartiment en forme de labyrinthe.

Geoffroy d'Eu, son successeur, fit élever, pendant son épiscopat, les pilliers et les galeries jusqu'à la naissance des voûtes. Robert de Luzarches étant mort à cette époque, ces nouvelles constructions furent confiées aux soins de *Thomas de Cormont*, architecte. Quelque temps après, *Arnoult*, successeur de Geoffroy d'Eu, fit achever les grandes voûtes, ainsi que celles des bas côtés. Il fit élever sur la croisée (1) un magnifique clocher en pierres, qui fut détruit dans la suite ; il fit faire aussi les galeries du dehors, les pyramides, les arcs-boutans et les roses.

---

(1) On entend par croisée, dans un édifice, la croix formée par deux galeries qui se coupent en angles droits.

Les évêques Gérard de Couchy et Alexandre de Neuilly, qui succédèrent à Arnoult, ne firent faire que fort peu de chose pour l'achèvement de la cathédrale. Cet édifice ne fut terminé qu'en l'an 1288. On verra facilement, par le rapprochement des dates que nous avons citées précédemment, que l'on a employé 68 ans pour la construction de cette vaste basilique.

Les deux tours qui couronnent le portail n'ont été établies que vers la fin du quatorzième siècle, c'est-à-dire, cent ans environ après la construction du corps de l'édifice.

Je vais maintenant passer à la description des parties de détail qui décorent la cathédrale.

On appelle portail d'un édifice la façade dans laquelle se trouve la principale porte d'entrée. Cette partie, où le bon goût de l'architecture devrait toujours briller, a presque constamment été négligée par les architectes français, et, il faut l'avouer à notre grand regret, nous ne posséderions pas un seul beau portail dans notre patrie, sans celui de l'église de *Sainte-Geneviève* de Paris. En effet, nos grands artistes se sont presque toujours attachés à multiplier les ordres d'architecture dans la décoration de leurs façades. Un seul ordre colossal, en forme de pérystile, et couronné par un fronton, est le seul ornement convenable que l'on puisse donner au frontispice d'un temple divin. C'est ainsi que les plus beaux édifices de la Grèce et de l'Italie ont été décorés ; c'est d'après cette idée, à la fois simple et majestueuse, que Palladio, à Rome, Soufflot, à Paris, et les plus célèbres architectes modernes, ont fait exécuter les portails dont ils ont décoré leurs monumens.

La façade de l'église cathédrale d'Amiens, bien loin de faire une exception en faveur de l'architecture française, ferait plutôt penser, en la considérant dans son ensemble et dans ses détails, que ce n'est pas l'œuvre des grands artistes qui ont coopéré à la construction de ce temple.

Trois grandes portes d'entrée, pratiquées sous de profondes voussures, divisent régulièrement le bas de cette façade, et conduisent dans l'intérieur de l'édifice. Celle du milieu, qui est la plus grande, est partagée en deux parties par un pilastre sur lequel repose le souverain Sauveur du Monde qui semble, par son attitude, donner la bénédiction aux fidèles placés sur le parvis. Le Sauveur, environné de ses douze apôtres, foule à ses pieds un lion et un dragon dont la tête et la queue ressemblent à celles d'un serpent. La plinthe sur laquelle la statue se trouve placée, est ornée de guirlandes de raisins et de pampres enlacés dans les plis du serpent. On voit sur le revers droit un chien, et sur le revers gauche un coq, ce qui fait croire que l'artiste a voulu, par ces figures allégoriques, dépeindre l'abondance, la fidélité et la vigilance. Au-dessous du Sauveur, on aperçoit une niche dans laquelle on a logé la statue d'un roi de France, tenant de la main droite un sceptre, et de la gauche un lambel. Tout le monde s'accorde à penser que ce roi ne peut être que Dagobert, qui fonda le premier des églises en France. On remarque sur le côté droit de cette statue, un lière, et sur le côté gauche, un lys dont les racines vont se perdre dans des vases d'une assez jolie forme.

Les deux pilastres de ce grand portail sont décorés chacun de cinq figures allégoriques, qu'il est maintenant difficile de reconnaître, parce que les emblêmes sont disparus ou mutilés.

Mais ce que l'on ne peut méconnaître, c'est en bas, à droite, l'arbre de la science du bien, et à gauche, celui de la science du mal. Ces deux emblêmes sont en harmonie avec l'allégorie du jugement dernier, représentée sur l'entablement de la première ogive. Plusieurs médaillons sont rangés à droite et à gauche, sur deux lignes parallèles : les six premiers, de chaque côté, représentent les personnes qui ont fourni aux dépenses nécessaires pour la construction de cette église ; les douze autres médaillons représentent divers sujets allégoriques. Ceux à droite représentent les diverses corporations d'arts et métiers qui contribuèrent, par leurs dons, à la construction de l'église : on y distingue des fourbisseurs, des armuriers, etc., etc. Ceux à gauche offrent : les uns, Jérémie en méditation, le même prophétisant devant les portes du temple la ruine de Jérusalem ; Job, Tobie, Jonas, Samson, etc. ; les autres, Daniel dans la fosse aux lions, le même devant Balthasar, lui faisant lire sur le mur les terribles paroles rapportées dans l'Ecriture-Sainte, à la suite de cette fameuse orgie dans laquelle il profana les vases sacrés ; enfin, d'autres personnages de l'Ancien-Testament.

Nous ne finirions pas si nous voulions faire connaître à nos lecteurs tous les détails, tirés de l'Ecriture-Sainte, que l'architecte a employés pour décorer la façade de ce temple ; cet artiste avait tellement médité le texte sacré, qu'il n'a omis aucune des particularités qui la caractérisent.

Le frontispice de l'église se compose en outre, de trois galeries extérieures qui se prolongent dans toute sa largeur. Entre les deux premières, au-dessous des abatvens des deux tours, on voit sur une ligne parallèle, vingt-deux statues colossales placées dans des niches séparées entre elles par des colonnes. Ces vingt-deux statues représentent autant de rois de France ; elles occupent toute la largeur du portail. Charlemagne est facile à reconnaître par le globe impérial qu'il porte dans une main. Cet empereur, chef de la seconde race de nos rois, et Hugues Capet, tige de la troisième, siégent au milieu. On peut croire que les rois placés à droite de Charlemagne sont de sa race ; et ceux à gauche de Hugues-Capet, les rois de la troisième race qui avaient régné jusqu'à l'époque de la construction de l'édifice. Le dernier paraît être, en effet, Philippe-Auguste.

Il semble que l'architecte, en plaçant ainsi Charlemagne au centre de la façade, a voulu rappeler et honorer les services éminens rendus par cet empereur à l'architecture. La France, l'Italie et l'Allemagne conservent encore plusieurs restes des monumens qu'il fit élever dans ces différens pays. La ville d'Aix-la-Chapelle lui doit la construction d'une chapelle magnifique, et delà vient le nom qu'elle prit, dans la suite, d'*Aix-la-Chapelle*.

Au-dessous et vers le milieu de la seconde galerie, une rose (1), dite *rose de mer*, étale les plus riches et les plus belles proportions : la forme circulaire, ainsi que l'éclat et la variété des couleurs qui ont été fixées sur les verres par un art que l'on cherche en vain à faire renaître, ont, à juste titre, fait passer cette sorte de décoration pour l'un des plus beaux ornemens de l'architecture gothique. Les seize compartimens qui la divisent portent chacun une feuille de vitrage ; on y remarque plusieurs espèces de fleurs et de têtes de coqs crêtés et becqués dont le plumage est peint de différentes couleurs. Cette rose fut donnée, en 1241, par Jean de Coquerel, ancien mayeur d'Amiens, et les coqs que l'on aperçoit sont ses armes parlantes. On a voulu lui faire représenter aussi la terre et l'air.

Deux autres roses sont placées dans les façades latérales à droite et à gauche de la croisée. Celle à gauche porte le nom de *rose du midi*. La couleur rouge qui y

---

(1) On appelle *rose*, en termes d'architecture, un grand vitrage de forme circulaire, placé dans un édifice gothique, avec croisillons et nervures de pierres qui représentent un compartiment en forme de rose.

domine indique qu'on a voulu lui faire représenter le feu. Elle a vingt-quatre feuilles.

La plus admirable de toutes est la rose à droite, du côté de l'évêché; elle porte le nom de *rose du nord;* elle a trente-deux feuilles; une étoile d'architecture à cinq rayons tient le milieu. On y voit des figures de rois et d'évêques, divers poissons et coquillages de mer. Cette rose représente l'eau.

C'est lorsque les rayons du soleil, dans un jour pur et serein, frappent perpendiculairement ou obliquement sur ces roses, qu'on a du plaisir à les contempler, soit en dedans, soit en dehors de l'église. Elle produisent l'effet d'un grand prisme. Le coup-d'œil est plus agréable lorsqu'on peut en jouir à un ou deux milles de distance, le voyageur a souvent arrêté ses pas pour se donner le charme d'un aussi magnifique spectacle. La position élevée de la cathédrale le renouvelle souvent pour les personnes qui habitent la campagne, dans un rayon de deux myriamètres; on croit alors voir une masse de feu dont les couleurs vives et variées réjouissent la vue sans aucun mélange de crainte et de tristesse.

(*La suite à un prochain cahier.*)

MECANIQUE.

Bateau Dragueur.

Le dernier Numéro de certain journal qui a pour titre : *Annales françaises des Arts, des Sciences et des Lettres*, contient un article insignifiant sur les machines, et notamment sur le bateau dragueur destiné à creuser et à curer le lit des rivières. Il me semblait que, d'après le compte rendu par MM. les Ingénieurs, des expériences qui ont été faites avec ce bateau, il ne restait plus rien à désirer sur son utilité, et que la réalité des avantages que l'on avait droit d'en attendre était suffisamment démontrée. Mais cette machine, qui n'avait pas encore rencontré de détracteurs parmi les savans, vient d'en trouver un parmi les rédacteurs des *Annales*.

L'auteur de l'article dont je veux parler, n'a pas craint de donner un démenti formel à MM. de Prony, Charles Dupin et autres académiciens illustres en composant une espèce de Notice remplie de sophismes, et dans laquelle la dynamique et la langue française sont indignement outragées. Afin de donner au public une juste idée du talent du Rédacteur de cette pauvre critique, je vais en transcrire quelques passages.

« Vis à vis le Louvre, on a élevé une machine à » vapeur pour le curage de la rivière. Cette machine, » destinée à vaincre de fortes résistances, et à mettre

» en mouvement des poids énormes, est elle-même » d'une très-grande dimension, et fera conséquemment une consommation de combustibles considé» rable. »

Ce paragraphe prouve que l'auteur, et M. M....., directeur des *Annales*, qui est a accordé l'insertion de l'article, n'ont pas su, ou n'ont pas pris la peine de calculer les effets de la dynamique; car une machine peut avoir une étendue considérable, sans exiger pour cela une trop grande quantité de combustibles. En effet, au moyen de leviers suffisamment longs, on met en mouvement des masses énormes avec une très petite force motrice.

« Elle a été fondue en Angleterre. On l'a montée sur » un bateau qui pourrait bien n'avoir pas la capacité » de la porter, ni la force de résister aux secousses, » résultat des mouvemens des seaux et des autres ma» chines qui iront chercher les immondices au fond de » la rivière. »

Il faut croire que MM. les Ingénieurs ont mieux su calculer la capacité du bateau, que le Rédacteur et le M. M..... n'ont su mettre de raisonnement solide dans leur critique. Quant aux secousses, elles ne sont pas si dangereuses pour la machine, qu'elles pourraient l'être pour le jugement de ces deux Messieurs, qui prennent un chapelet à godets pour un assemblage de seaux sans en apprécier la différence bien sensible.

« Nous avons déjà parlé de la prétendue économie » que l'on attribue à ces sortes de machines; nous » avons prouvé que, du moins en France, cette éco» nomie ne pouvait être qu'illusoire, et qu'il en résul» tait la dépense considérable d'une sorte de denrée » dont nous ne sommes pas assez abondamment pour» vus pour en être prodigues. »

Il vaut mieux consommer un peu plus de charbon de terre, qui n'est pas une denrée aussi rare que

MM. les Rédacteurs se l'imaginent, et ménager la vie des hommes en ne leur faisant pas faire des travaux au-dessus de leur force, et qu'ils ne peuvent exécuter le plus souvent qu'au péril de leur vie.

« Mais chez nous, les particuliers comme les com-
» pagnies donnent si aveuglément dans toutes les in-
» ventions anglaises, qu'il est inutile de chercher à les
» détourner de les adopter par des raisonnemens. »

Ces Messieurs ont une bien mauvaise opinion de leurs concitoyens, puisqu'ils ne les croient pas capables de raisonner; mais les rédacteurs des *Annales françaises* ont ils, dans l'article dont nous venons de donner un extrait fort succinct, fait preuve d'un raisonnement juste? nous nous en rapportons à la sagacité de nos lecteurs.

Il est maintenant facile de voir qu'il n'est pas possible d'abuser davantage de la complaisance du public, en lui faisant lire des articles aussi peu réfléchis, et que l'auteur de la critique que je viens de citer, ainsi que M. M. . . . ., sont aussi ignorans l'un que l'autre. Ce dernier surtout est beaucoup plus blâmable, en ce qu'il pouvait empêcher l'insertion de cette diatribe : mais quand on veut se mêler de choses qu'on ne connaît pas bien, il arrive qu'on tombe dans des erreurs grossières.

M. M. . . . . qui a travaillé pendant un grand nombre d'années dans les études d'huissiers ou d'avoués, devrait savoir qu'il est plus souvent facile de juger d'un mauvais article sur la chicane, que d'apprécier le mérite d'une invention utile, et qui a obtenu l'assentiment d'un corps de savans académiciens dont la réputation est européenne.

De Nimègue, *ingénieur*.

LITTÉRATURE.

Extrait d'une notice biographique sur Daniel Rolander, naturaliste-voyageur suédois, lue à l'Académie des Sciences, par M. Bruun Neergaard.

Un voyageur, élève de Linné, et qui est resté inconnu, malgré un certain degré de mérite, est digne d'occuper l'attention de nos lecteurs. Tel est Daniel Rolander, dont les manuscrits sont conservés à Copenhague. M. Hornemann, botaniste-danois très-distingué, a fait connaître les détails de la vie de ce naturaliste-voyageur, et a donné une idée de sa relation inédite. Un autre savant de la même nation, M. de Bruun-Neergaard, a composé, à l'aide des recherches de M. Hornemann, une notice sur Rolander, dont il a bien voulu nous permettre de faire quelques extraits.

. . . « Linné propagea, au milieu du siècle dernier, le goût de l'histoire naturelle. Ce philosophe naturaliste attira, par l'intérêt qu'inspiraient son système et ses conversations, des élèves de presque toutes les parties de l'Europe, chez lesquels on vit toujours naître l'idée des voyages. . . »

Le fruit des voyages des élèves de Linné aurait encore été plus grand, si plusieurs d'entre eux ne fussent pas morts en voyageant comme Ternstom, Hasselquist, Forskael, Falck et Lœfling, ou que leurs découvertes ne fussent restées en grande partie inconnues, comme celles de Rolander et d'autres. . .

« Daniel Rolander naquit en Smaaland, une des provinces de la Suède, de parens peu aisés. La nature l'avait doué de beaucoup de mémoire et de goût pour les recherches; mais il manquait de jugement, et fut toujours lent dans ses entreprises. Arrivé à l'université d'Upsal, et cultivant avec ardeur l'histoire naturelle, il fut bientôt connu de Linné.... Ce savant lui accorda même une marque particulière de son attention, en le nommant précepteur de son fils. Notre jeune homme resta dix années entières à Upsal, où il s'occupa particulièrement d'entomologie.... »

.... « Son assiduité à faire des observations, son peu de fortune, décidèrent facilement Linné à le recommander à Amsterdam pour un voyage à Surinam, dont le but principal était de faire des recueils et des découvertes en histoire naturelle. »

« Rolander partit avec le colonel Dahlberg, qui a si bien mérité de l'humanité et de la médecine, par l'introduction en Europe de la quassia qu'il avait été le premier à envoyer à Linné, et qui possédait déjà alors lui-même des plantations en Surinam, d'où il était nouvellement revenu. Ils quittèrent ensemble Upsal, le 21 octobre 1754, et allèrent par terre à Amsterdam, d'où ils s'embarquèrent et arrivèrent à Surinam le 20 juin 1755. Notre jeune Suédois fit beaucoup d'excursions autour de la ville de Paramaribo..... et quelques-unes plus éloignées en remontant les rivières qui se jettent dans celle de Surinam, telle que Commervina. Son intention était bien de pénétrer plus loin dans le pays; mais les nègres révoltés qui s'avançaient chaque jour davantage vers les côtes, et détruisaient les plantations les plus éloignées, l'en empêchèrent. Il quitta cette colonie hollandaise le 12 janvier 1756, débarqua le 13 février à Saint-Eustache, où il fit des excursions botaniques pendant dix jours, et revint ensuite à Stockolm par Amsterdam, le 2 octobre 1756.

L'auteur de la notice nous apprend ensuite qu'une vie laborieuse et quelques habitudes vicieuses avaient ruiné la santé de Rolander....

« Après son retour, continue-t-il, il ne publia qu'un seul mémoire sur le genre des plantes venimeuses (de Doliocarpos) de Surinam, inséré dans les travaux de l'académie suédoise pour 1756. Peu communicatif de sa nature; il le fut encore moins dans son état maladif. On ne peut deviner la cause de son ingratitude envers son maître, son protecteur et bienfaiteur Linné, à qui il ne voulut jamais ni donner ni céder la moindre chose de ses collections. Après un séjour de quelques années en Suède, Rolander partit pour Copenhague, où il fit la connaissance de MM. Friis-Rottbœll, botaniste, et Kratzenstein, physicien. Le premier acheta son *herbarium*; et celui-ci, le manuscrit de son voyage, pour lequel il chercha un éditeur dans la noble intention d'en laisser le bénéfice à l'auteur, comme une faible récompense des peines et des fatigues qu'il s'était données pour l'avancement de l'histoire naturelle. »

Rolander, ayant ainsi privé sa patrie du fruit de ses travaux, y retourna pourtant, et trouva même de nouveaux protecteurs; mais les ayant perdus, il termina promptement son existence misérable. La notice ne nous apprend pas l'année de sa mort.

.... « Le manuscrit de son voyage en Surinam, dont nous venons de parler, forme deux volumes in-folio, écrits en latin. Passé de vente en vente, il est devenu la propriété du roi de Danemarck, qui en a fait don à la bibliothèque du jardin botanique de Copenhague.

Nous supprimons ici quelques détails bibliographiques peu intéressans pour le public.

« Le titre de ce manuscrit est: *Diarium Surinamense quod sub itinere exotico conscripsit Daniel Rolander.* (Journal écrit par Daniel Rolander pendant son voyage à Surinam.)

Ici, M. Neergaard entre dans de grands détails sur l'importance de ce manuscrit pour la botanique. Il nous apprend que M. Rottbœll, après en avoir extrait et publié plusieurs découvertes, se proposait de donner une *Flora Surinamensis*, qui eut contenu tout ce qu'il y avait d'utile dans le journal de Rolander sur cette science; M. Rottbœll, connu par un très-habile botaniste, a laissé quatre cents descriptions complètes annexées au manuscrit, mais les cuivres des planches déjà gravées ne se retrouvent plus. M. Vahl, autre naturaliste danois, et dont la réputation est européenne, avait jugé qu'il restait encore beaucoup d'autres choses dignes de voir le jour dans le manuscrit de Rolander; il en avait extrait et complété, par ses propres observations, une centaine de descriptions zoologiques, dans l'intention de les publier; mais la nature du *Mémorial Français* nous oblige de passer légèrement sur ces détails.

.... « Rolander décrit très-bien les diverses races d'hommes, ainsi que les variétés auxquelles leur mélanges ont donné naissance; il donne des détails sur leurs mœurs, tout en représentant les rapports réciproques qu'elles offrent. Notre voyageur indique exactement chaque jour les hauteurs du baromètre et du thermomètre, qu'il accompagne d'observations détaillées sur les variétés de l'atmosphère, qu'un climat si différent du nôtre doit rendre encore plus intéressantes. Tout son travail prouve qu'il n'est étranger à aucune partie de l'histoire naturelle, en offrant partout des observations et des découvertes qui étaient neuves alors, ou le sont encore aujourd'hui en grande partie.

« Hornemann, pour en donner un exemple, croit que Rolander est le premier qui ait parlé d'une qualité qu'offrent certaines plantes d'offrir, dans le temps de la floraison, près des parties de la fructification, un degré de chaleur très-considérable; qualité qu'une aveugle, madame Huber, observa il y a quelques années à l'île-de-France dans une espèce du genre *Arum*, et que M. Bory de Saint-Vincent a publiée dans son voyage aux quatre îles ; découverte confirmée après par le professeur Benhard à Erfurt. Rolander marque, dans la première partie de son Voyage, qu'il manqua de se brûler le nez sur les fleurs de l'*Arum arborescens*, en cherchant l'origine d'une odeur agréable qu'il rencontra près des bords d'une rivière. Des expériences répétées ne lui permirent pas de douter un moment de la cause de ce phénomène, surtout après avoir remarqué que la chaleur et l'évaporation des fleurs augmentaient quand la température de l'air se refroidissait, ce qui faisait que l'on s'en apercevait davantage le soir..... »

..... « Rolander dit, en parlant du *Lacerta mutabilis:* « Ce lézard, qu'un nègre attrapa sur un citronnier, » avait quelque ressemblance avec le caméléon ; on » crut aussi généralement trouver chez lui les mêmes » qualités qu'on attribue à celui-ci, d'adopter les cou- » leurs des corps dont il approche, mais il en différait » par plusieurs marques d'espèce ; et ce que les anciens » disaient du Caméléon : « *Semper auram hiat tenuem* » *qua vescitur chamœleon*, » ne pouvait s'appliquer au » *Lacerta mutabilis*, qui avait toujours la bouche ou- » verte. J'avais raison d'avoir de la méfiance dans cette » opinion générale des changemens de couleur chez cet » animal, d'autant plus que je savais que des natura- » listes très-expérimentés doutent même des assertions » des anciens. Quant à cette propriété du Caméléon, » mes doutes s'étaient confirmés pendant mon séjour à » Upsal, ayant eu occasion de faire quelques expérien- » ces avec le *Lacerta chamœleon* de Linné, et n'étant » parvenu, ni par changement d'objets ni par imitation, » à faire varier ces couleurs. Je répétai cependant, » dans le pays même, mes expériences pour prouver à » tous ceux qui étaient d'une opinion contraire, qu'ils

» avaient tort ; mais quel ne fut pas mon étonnement » quand je perdis mon procès !

» Je fis chercher des hardes de différentes couleurs, » rouges, vertes, jaunes et noires ; je plaçai première- » ment l'animal sur le rouge, et son dos brun-verdâtre » en prit tout de suite la couleur ; je crus, au commen- » cement, que ce changement n'avait été opéré que » par la réflexion de la teinte du drap ; mais la couleur » rouge devenait de plus en plus forte quand l'animal » s'enflait ; la tête, la poitrine, le ventre et le bas-ven- » tre, rougirent ensuite : ce dernier finit par devenir » aussi rouge que le drap ; les pieds et la queue seuls » ne changèrent pas de couleur. Je plaçai ensuite l'ani- » mal sur le drap vert, et il reprit tout de suite, à mon » grand étonnement, sa couleur verte naturelle : on mit » alors une harde jaune luisante sous le lézard, et la » couleur verte devint tout de suite blanchâtre et après » jaune. J'essayai enfin la couleur noire, et la plaçai » aussi près que possible de l'animal ; la tête, la poi- » trine, le bas-ventre et les côtés, qui étaient d'un » blanc-jaunâtre, commencèrent à prendre des taches » noires ; les pieds et la queue seulement ne changè- » rent pas plus de couleur à cette expérience qu'aux » autres, et gardèrent leur couleur naturelle verte. » Ainsi, dit-il, le caméléon des anciens devait être un » autre animal que celui à qui on donne ce nom de » nos jours. »

« Les descriptions et les observations dont Rolander accompagne ses découvertes, donnent un intérêt général à ce voyage pour tous les naturalistes de l'Europe. Mais ces objets ne pouvant pas intéresser tout le monde, je me hâterai de citer sa description de la manière de vivre des colons du pays qu'il a visité : »

« Un convive à un festin jette, quand il est arrivé » à l'endroit de la réunion, son habit de gala brodé » en or et en argent, et se couvre d'une toge fraîche

» et mince à queue traînante. Ce seigneur doré s'en » va au dîner avec un air grave, et suivi d'un esclave » noir, qui tient dans sa main droite un parasol, en » portant sous le bras gauche la toge que son maître » doit mettre.

» Un grand dîner n'exige peut être nulle part sur la » terre plus de préparatifs, un plus grand nombre de » plats et de domestiques, et en général plus de l'uxe » qu'ici. La nature y contribue en fournissant abon- » damment de tous les besoins. Cependant on ne s'en » contente pas. J'assistai ici à un dîner où le premier » service était composé de trente plats préparés à la » manière européenne; le second de trente autres qui » tous étaient composés des productions du pays » même, savoir, de toutes sortes de fruits et de ra- » cines pleines de suc et d'un excellent goût. En re- » gardant des services si différens d'un œil observa- » teur, on conçoit aisément pourquoi les personnes » originaires du pays, et les nègres qui ne prennent » que de cette dernière nourriture si convenable au » climat, sont sains, forts et gais, quand, au contrai- » re, les Européens qui mangent de tout, ont un ex- » térieur maigre, énervé, pâle et mourant, et se » traînent comme des ombres vivantes. Ils sont acca- » blés d'une chaleur étouffante en prenant l'air dans » la journée, quoique garantis par un parasol (qu'ils » ne portent pas) contre les rayons ardens du soleil, » et ils ne peuvent pas même supporter les faibles re- » flets de la lune! Tranquillement assis dans leurs mai- » sons, ils nagent dans la sueur lorsqu'ils se promènent » à la fraîcheur de la matinée avant le lever, ou dans » la soirée après le coucher du soleil; ils sont obligés » de mettre des habits plus chauds pour ne pas attra- » per des fièvres, et alors la sueur les couvre de nou- » veau. On conçoit aisément que les Européens ont » raison d'appeler ce climat le transpirant. Nous éle-

» vous dans nos jardins d'Europe des serres pour y
» faire venir des plantes des localités plus chaudes : à
» Surinam, au contraire, on construit des grottes pour
» faire respirer les colons de nos contrées ; mais ces
» derniers n'y réussissent pas mieux chez eux que leurs
» plantes chez nous. »

M. Neergaard expose et réfute ensuite quelques doutes qu'un savant Danois a élevés sur l'authenticité du manuscrit. Il termine de la manière suivante :

...... « J'espère, Messieurs, ne pas avoir abusé de vos momens précieux, en vous donnant quelques détails sur la vie et les travaux d'un homme qui, comme botaniste et zoologiste, mérite une place distinguée parmi ceux qui, dans le siècle passé, ont exposé leur vie pour augmenter nos connaissances dans ces parties si utiles de l'histoire naturelle.

» On ne peut, comme vous le voyez, que souhaiter la publication des travaux de Rolander... Elle serait à la vérité un peu tardive, et sa relation a sans doute perdu une partie du mérite qu'elle avait sans contredit dans sa nouveauté. Mais on y trouverait......encore un assez grand nombre d'observations neuves pour piquer notre curiosité... On aime d'ailleurs tout ce qui peut contribuer à augmenter nos connaissances d'un pays dont nous avons même aujourd'hui si peu de détails. D'un autre côté, ce retard a beaucoup amélioré cet ouvrage par l'ordre qui y a été mis, et les savantes observations qui y ont été ajoutées par des hommes aussi célèbres en histoire naturelle que MM. Rottbœll et Vahl.

« Puissent ces lignes tirer Rolander de l'oubli, et servir en même temps à lui élever un monument qui porte son nom à la postérité, en engageant un éditeur à publier son *Voyage à Surinam* ! »

MALTE-BRUN.

MOUVEMENT PERPÉTUEL.

Le mouvement perpétuel est une chimère assez ancienne et assez célèbre dans la mécanique ; mais on a fait beaucoup de découvertes réelles en courant aprés cette chimère.

On rencontre beaucoup de personnes qui ignorent les premiers élémens des mathématiques, et se vantent d'avoir trouvé la quadrature du cercle, la trisection de l'angle, etc. ; de même dans l'horlogerie ce sont, pour l'ordinaire, des jeunes gens qui n'ont aucune connaissance des lois du mouvement et de la mécanique, qui cherchent le mouvement perpétuel mécanique ; aussi est-ce plutôt une insulte qu'un éloge, de dire de quelqu'un qu'*il cherche le mouvement perpétuel.* L'inutilité des efforts que l'on a faits jusqu'à présent pour le trouver, donne une idée défavorable de ceux qui s'en occupent. Nous avons cru que quelques remarques sur la vanité de leurs prétentions, pourraient leur être utiles.

On entend par mouvement perpétuel un mouvement qui se conserve et se renouvelle continuellement de lui-même, sans le secours d'aucune cause extérieure ou une communication non interrompue du même degré de mouvement qui passe d'une partie de matière à l'autre, soit dans un cercle, soit dans une courbe rentrante en elle-même, de sorte que le mouvement revienne au premier moteur sans avoir été altéré. (*Encyclopédie*, au mot *perpétuel*).

Parmi toutes les propriétés de la matière et du mouvement, nous n'en connaissons aucune qui puisse être le principe d'un tel effet.

On convient que l'action et la réaction doivent être égales, et qu'un corps qui donne du mouvement à un autre, doit perdre ce qu'il en communique. Or, dans l'état actuel des choses, la résistance de l'air, les frottemens, doivent retarder sans cesse le mouvement.

Ainsi pour qu'un mouvement quelconque pût subsister toujours, il faudrait ou qu'il fût continuellement entretenu par une cause extérieure, et ce ne serait plus alors ce qu'on entend par le mouvement perpétuel, ou que toute résistance fût anéantie ; ce qui est physiquement impossible. Par une autre loi de la nature, les changemens qui arrivent dans le mouvement des corps sont toujours proportionnels à la force motrice qui leur est imprimée, et sont dans la même direction de cette force ; ainsi une machine ne peut recevoir un plus grand mouvement que celui qui réside dans la force motrice qui lui a été imprimée. Or, sur la terre que nous habitons, tous les mouvemens se font dans un fluide résistant, et par conséquent ils doivent nécessairement être retardés ; donc le milieu doit absorber une partie considérable du mouvement.

Le frottement doit diminuer peu à peu la force communiquée à la machine ; de sorte que le mouvement perpétuel ne saurait avoir lieu, à moins que la force communiquée ne soit beaucoup plus grande que la force génératrice, et qu'elle ne compense la diminution que toutes les autres y produisent ; mais comme rien ne donne ce qu'il n'a pas, la force génératrice ne peut donner à la machine un degré de mouvement plus grand que celui qu'elle a elle-même. Ainsi toute la question du mouvement perpétuel, en ce cas, se réduit à trouver un poids plus pesant que lui-même, ou une force élastique plus grande qu'elle-même : proposition absurde.

Ce qui trompe les personnes peu versées dans la mécanique, c'est que, par le moyen du levier, une force quelconque en peut toujours surmonter une supérieure ; mais elles ne font pas attention que dans ce cas même, la dépense du côté de la moindre force est supérieure à l'effet qu'elle produit ; que si, par exemple, un poids d'une livre en élève un de deux livres à un pouce, il descend nécessairement de plus de deux pouces.

Une puissance de dix livres étant donc mue ou tendant à se mouvoir avec dix fois plus de vitesse qu'une puissance de cent livres, peut faire équilibre à cette dernière puissance ; et on en peut dire autant de tous les produits égaux à cent livres : enfin, le produit de part et d'autre doit toujours être de cent, de quelque manière qu'on s'y prenne. Si on diminue la masse, il faut augmenter la vitesse dans le même rapport.

Ceux qui cherchent le mouvement perpétuel excluent des forces qui doivent le produire, non-seulement l'air et l'eau, mais encore tous les autres agens naturels qu'on y pourrait employer. Ainsi, ils ne regardent pas comme mouvement perpétuel celui qui serait produit par les vicissitudes de l'atmosphère, ou par celles du chaud et du froid : ils se bornent à deux agens, la force d'inertie et la pesanteur, et ils réduisent la question à savoir si l'on peut prolonger la vitesse du mouvement, ou par le premier de ces moyens, c'est-à-dire en transmettant le mouvement par les chocs d'un corps à un autre, ou par le second, en faisant remonter des corps par la descente d'autres corps qui ensuite remonteront eux-mêmes pendant que les autres descendront. Dans ce second cas, il est démontré que la somme des corps, multipliés chacun par la hauteur d'où il peut descendre, est égal à la somme de ces mêmes corps multipliés chacun par la hauteur où il pourra monter. Il faudrait donc, pour parvenir au mouvement perpétuel par ce moyen, que les corps qui tombent et s'élèvent conservassent absolument tous le mouvement que la pesanteur peut leur donner, et n'en perdissent rien par le frottement ou par la résistance de l'air ; ce qui est impossible.

Si l'on veut employer la force d'inertie, on remarquera que le mouvement se perd dans le choc des corps durs ; et que si les corps durs sont élastiques, la force vive à la vérité, se conserve ; mais outre qu'il n'y a pas de corps parfaitement élastiques, il faut encore faire abstraction ici des frottemens et de la résistance de l'air ; d'où l'on conclut qu'on ne peut espérer de trouver le mouvement perpétuel par la force d'inertie, non plus que par la pesanteur, et qu'ainsi ce mouvement est impossible.

On démontre également combien ceux-là se trompent, qui croient pouvoir procurer un mouvement perpétuel purement mécanique à la même roue, en employant plusieurs principes de forces centrales, tels que la pesanteur, l'attraction de l'aimant et celle des corps électriques ; car chacune de ces forces agissant également à des distances égales de son centre, et ne pouvant donner au système de la roue qu'une force résultante dirigée par son appui, ce système doit nécessairement demeurer immobile. (*Camus, tom.* 4, *page* 253).

L'Académie des Sciences prit, en 1775, la résolution de ne plus examiner aucune machine annoncée comme un mouvement perpétuel, et cette savante compagnie crut devoir rendre compte des motifs qui l'avaient déterminée, dans son Histoire de la même année, page 65.

« La construction d'un mouvement perpétuel, dit

» l'historien, est absolument impossible, quand même » le frottement et la résistance du milieu ne détruiraient point à la longue l'effet de la force motrice. » Cette force ne peut produire qu'un effet égal à sa » cause ; si donc on veut que l'effet d'une force finie » dure toujours, il faut que cet effet soit infiniment » petit dans un temps fini. En faisant abstraction du » frottement et de la résistance, un corps à qui on a » une fois imprimé un mouvement, le conserverait » toujours ; mais c'est en n'agissant point sur d'autres » corps, et le seul mouvement perpétuel possible, » dans cette hypothèse, qui d'ailleurs ne peut avoir » lieu dans la nature, serait absolument inutile à l'objet que se proposent les constructeurs de mouvemens » perpétuels. Ce genre de recherches a l'inconvénient » d'être coûteux ; il a ruiné plus d'une famille, et souvent des mécaniciens qui eussent pu rendre de grands » services, y ont consacré leur fortune, leur temps et » leur génie. Tout attachement opiniâtre à une opinion » démontrée fausse, s'il s'y joint une occupation perpétuelle du même objet, une impatience violente, » de la contradiction, est sans doute une véritable » folie. »

JERIVAN.

VARIANTES.

Il paraît que la maison située sur le quai aux Fleurs, au coin de la rue projétée, est enfin en état de recevoir des locataires. Cette maison a été long-temps l'objet de déclamations virulentes de la part des architectes contre MM. les entrepreneurs de bâtimens. Ces artistes, qui voudraient qu'aucune construction ne se fît sans leur intervention, devaient naturellement profiter de cet accident pour tâcher de démontrer au public qu'il est impossible de bien construire sans avoir pâli long-temps, le crayon à la main, sur de grandes feuilles de papier; mais tout ce qu'ils ont pu dire à ce sujet a été tout à fait inutile, et MM. les propriétaires sont demeurés convaincus qu'une expérience consommée et l'habitude de bâtir valent infiniment mieux qu'une théorie vaine et dépourvue de tous principes géométriques.

Si un seul parmi MM. les entrepreneurs de bâtimens a fait une faute, MM. les architectes en ont commis et en commettent journellement des milliers; ainsi la confiance doit rester aux premiers.

— M. Lebrun, ancien élève à l'école Polytechnique, auteur d'un ouvrage ayant pour titre : *Formation géométrique des quatre ordres de l'Architecture grecque*, et de plusieurs écrits ou mémoires adressés tant au Gouvernement qu'à la Chambre des députés, vient de publier un appel aux savans, aux ingénieurs et aux géomètres pour les engager à examiner les principes de l'architecture des anciens Grecs, principes qu'il aurait retrouvés, et dont il donne la démonstration.

Dans cet appel, M. Lebrun explique la loi d'équilibre relativement à la formation de la porte à plate bande et de la porte cintrée; il la compare ensuite à la loi de stabilité d'après laquelle ces portes devraient être construites pour être solides, sans l'emploi toute fois de moyens artificiels; enfin il fait voir que, pour obtenir la solidité dans le cas de l'équilibre, il faut augmenter indéfiniment le volume de la partie résistante, tandis que, dans le cas de stabilité, la construction reste debout sans qu'il soit nécessaire de rien ajouter au volume des supports.

Ce nouvel ouvrage a singulièrement tourmenté l'imagination de nos architectes, à en juger par deux articles qui ont été insérés dans les *Annales françaises des Arts, des Sciences et des Lettres*, pour réfuter des principes qui pourront bien être suivis lorsque l'on sera d'accord sur le sens que l'on doit attacher aux mots stabilité et équilibre en fait d'architecture; mais ce qu'il y a de remarquable, c'est que l'étendue du mémoire de M. Lebrun n'a pu suffire pour faire comprendre des vérités de statique à des écrivains qui exercent la profession d'architecte. Les rédacteurs de la réfutation se sont empressés d'écrire que les démonstrations de l'auteur se trouvent dans tous les traités de statique, et en cela ils se sont montrés tels qu'ils sont, c'est-à-dire ignorans, car ce qu'ils ont avancé à ce sujet est essentiellement faux.

M. Lebrun a donné une démonstration graphique que l'on ne trouve nulle part sur la position du centre de gravité d'un quadrilatère quelconque, et c'est cette démonstration qui a servi de base à son appel aux savans.

— Les travaux de la *salle d'opéra provisoire* avancent avec rapidité. La façade, qui a 180 pieds de longueur, est déjà élevée jusqu'à la hauteur des secondes loges. Deux pavillons, construits aux extrémités du foyer, doivent former le café du théâtre. Les caves ont été disposées de manière à recevoir des calorifères. On pense que l'hôtel Choiseuil, qui est destiné à l'administration, sera occupé sous peu de temps.

— *Moyen d'empêcher un verre de se casser en y versant de l'eau bouillante.* On mettra le verre dans un vase rempli d'eau froide; on fera chauffer l'eau graduellement jusqu'à ce qu'elle soit bouillante : on la laissera ensuite refroidir sans retirer le verre. Les vases de verre qui auront été préparés une fois de cette manière, pourront recevoir subitement de l'eau bouillante sans jamais se féler, et il ne sera plus nécessaire de répéter l'opération, la propriété qu'ils auront acquise étant indestructible.

— M. Hourcastremé qui, il y a déjà un peu de temps, a fait insérer, dans les *Annales Françaises* de la rue Meslée, une prétendue solution du problème de la *trisection de l'angle*, problème que les géomètres ont déclaré insoluble en nombres finis, à cause de l'impossibilité d'extraire la racine cubique de 3, vient de faire imprimer, dans ce pamphlet périodique, un article assez obscur contre M. Lebrun, ancien élève à l'Ecole Polytechnique et auteur de plusieurs ouvrages sur l'architecture.

Permis à M. Hourcastremé d'enseigner une *fausse*

géométrie de sa façon ; mais vouloir se mêler de critiquer les ouvrages de M. Lebrun qu'il ne comprend pas et qu'il ne comprendra jamais avec des mathématiques de son invention, c'est abuser de la prérogative que peut avoir un individu auquel la nature a refusé toute espèce de logique et de bon sens, de s'occuper de choses qui sont au-dessus de la portée de son intelligence.

Si M. le *géomètre moderne* avait pris la peine d'apprendre à lire avant de se permettre d'écrire, il aurait lu ce que M. Lebrun a écrit, et non ce qu'il n'a pas écrit. Il aurait vu, par exemple, que ce savant ne prétend pas dire, dans ses ouvrages, que les édifices publics manquent de solidité, puisqu'on a employé, dans leur construction, une telle quantité de fer et de plomb pour sceller les pierres les unes aux autres, qu'il est presqu'impossible qu'ils s'écroulent; mais il se serait aperçu que M. Lebrun condamne la manière de bâtir de MM. les architectes, parce qu'elle est contraire aux lois de la statique qui fournissent les moyens par la coupe des pierres et par des proportions convenables, entre les supports et les fardeaux, d'obtenir une stabilité indépendante de procédés artificiels, et qui consistent dans l'emploi des métaux dont on a toujours fait usage pour lier toutes les parties d'un monument.

— L'*administrateur, rédacteur en chef et particulier* des *Annales* de la rue Meslée, qui trouve que toutes les constructions sont bien faites lorsqu'elles ont été dirigées par un architecte *quelconque*, ne manquera pas sans doute de mettre à contribution la très-petite dose d'esprit que la nature lui a donnée pour faire un pompeux éloge du nouveau théâtre que l'on vient de construire sur le boulevard du Temple, presqu'en face du Jardin Turc. Mais ce qu'il pourra écrire à ce sujet ne vaudra pas mieux que tout ce qu'il a fait imprimer dans ce pamphlet périodique depuis qu'il en est le chef suprême. Ce théâtre, dont la façade ressemble beaucoup à celle d'une ruche à miel, lui fournira de nouveaux moyens de dire que les architectes seuls sont dans le cas de bâtir avec goût, et de calomnier ceux de MM. les entrepreneurs qui osent construire sans le concours de ces artistes. Il ne manquera pas de prendre la maigreur excessive des colonnes de la façade pour de la légèreté et de l'élégance, et de s'écrier, dans le transport d'une imagination délirante : *Passans, arrêtez-vous, et contemplez ce chef-d'œuvre de l'architecture, de ce bel art dont les maîtres maçons voudraient envahir le domaine.* Illustre rédacteur! pourra-t-on lui répondre, les maîtres maçons ne voudraient pas, pour l'honneur de leur corps, avoir fait les plans d'une telle barraque.

— On lit dans le *Journal Général d'Affiches*, du 26 décembre dernier, l'article suivant :

« Un particulier ayant calculé pendant plusieurs an-
» nées la loterie, est parvenu, à force de recherches,
» à trouver la clef de divers jeux; une personne ayant
» à sa disposition une *somme qu'on déterminera*, fera
» des gains successifs à la loterie royale de France,
» l'inventeur offre de donner plusieurs fois un de ces
» jeux à l'épreuve et sans la moindre rétribution.
» Lorsque les personnes seront convaincues de la vé-
» rité du fait, l'auteur leur donnera un jeu à jouer; ce
» jeu sera successivement remplacé par d'autres jeux.
» Le jeu produira très-souvent de un à trois tirages;
» et le plus tard dans huit tirages. L'inventeur n'exi-
» gera son salaire que lorsque les personnes auront
» gagné.

» S'adresser, franc de port ou de vive voix, à M.
» Maine, rue des Nonaindières, n°. 2, près le Pont-

» Marie, tous les jours depuis huit heures jusqu'à » quatre. »

Sans rien préjuger de la merveilleuse découverte du sieur Maine, nous l'engageons très-fort à en profiter pour faire sa fortune, et nous lui offrons même, dans le cas où il n'aurait pas la *somme à déterminer*, de la lui prêter, à condition qu'il nous en garantira le remboursement au moyen d'une première hypothèque sur une bonne propriété.

MÉMORIAL.

Instrument de musique nouveau. M. Schortmann, à Buttsledt, vient d'inventer un nouvel instrument musical. Les tons sont produits par de petites baguettes de bois brûlé de différentes longueurs et épaisseurs, mises en vibration par un courant d'air. Le *pianissimo* de cet instrument ressemble parfaitement au son d'une harpe éolienne, et le tout imite exactement celui de l'harmonica, de la clarinette, du cor et du violon.

— *Athénée royal.* Le programme des cours qui a paru il y a déjà quelque temps présente pour professeurs : MM. *Trognon*, pour l'histoire; *Jouy*, pour la littérature et la morale ; *Flourens*, pour la théorie des sensations ; de *Blainville*, pour l'histoire naturelle ; *Pouillet*, pour la physique ; *Robiquet*, pour la chimie ;

Magendie, pour l'anatomie et la physiologie ; ***Francœur***, pour l'astronomie, etc. On s'abonne au secrétariat de l'*Athénée*, rue de Valois, n°. 2.

— *Tableaux en fer-blanc moiré*. MM. Boileau et Vincent, peintres, demeurant à Paris, rue Saint-Maur, n°. 76, faubourg du Temple, composent de jolis tableaux en fer-blanc moiré, sur lequel ils sont parvenus à représenter différens sujets à l'aide de substances métalliques diversement colorées. Ils donnent, à ce nouveau genre d'industrie, le nom de *mosaïque métallique*. Les substances métalliques qu'ils emploient sont fixées par des procédés chimiques dont ils se sont réservés le secret.

— M. Lenoble, plombier de la préfecture du département de la Seine, a acheté toutes les maisons de la rue des Coquilles, quartier de l'Hôtel-de-Ville, pour les faire rebâtir en se conformant au plan arrêté pour l'alignement de Paris.

Les constructions sont faites par un entrepreneur de bâtimens qui en a tracé lui-même les plans.

Nous rendrons compte, dans un prochain cahier, de cette grande opération qui fait le plus grand honneur à l'entrepreneur.

— *Horlogerie*. M. L'Hoest, horloger-mécanicien, place Beauveau, faubourg Saint-Honoré, à Paris, tient un assortiment de montres et pendules dans les meilleures qualités. Il se charge de la confection et de la réparation des pendules à musique, de celles à plusieurs cadrans, et généralement de tout ce qui concerne son état. Ses prix sont très-modérés.

— M. Villain, menuisier-mécanicien, rue de la Coutellerie, n°. 13, à Paris, vient de fabriquer des machines à scier le bois pour les ébénistes, les fabricans de cadres et de crayons, les miroitiers, tabletiers, etc.

Chacune de ces machines est composée d'un ou de plusieurs cercles dentés, que l'on met en mouvement à l'aide d'une roue de tour, d'une pédale ou d'une manivelle.

Le cercle denté est placé sur un établi auquel on a adapté une réglette que l'on peut fixer à volonté, selon l'épaisseur du bois que l'on veut obtenir. Lorsque le cercle denté est en mouvement, on fait glisser sur l'établi et dans la direction de la réglette une pièce de bois, et l'on obtient, par ce procédé, des bandes aussi longues et aussi épaisses que les besoins l'exigent.

Plusieurs de ces machines auxquelles M. Villain a donné le nom de *scieries*, sont construites sur de très-grandes dimensions, et peuvent servir aux menuisiers en bâtimens pour fendre les lames de persiennes et de jalousies. Ces dernières ont des volans et des charriots, afin que le mouvement soit plus uniformément accéléré.

Le même mécanicien fabrique aussi les moulins à râper les pommes de terre et les betteraves.

— *Machine nouvelle*, servant à extraire les jus des végétaux, par M. Beugé (George), mécanicien, rue des Vieux-Augustins, n°. 62. Cette machine, d'une construction solide, réunit l'élégance à la simplicité. Quatre colonnes d'ordre dorique, en fer poli, surmontées d'un double T de même métal, renferment un mécanisme composé d'une vis en fer qui sert d'axe à une roue placée verticalement. Cette roue engrenne avec une vis sans fin, que l'on met en mouvement à l'aide d'une manivelle. L'extrémité de l'axe est garnie d'un cercle de pression, en fer trempé, suffisamment épais, et pouvant entrer dans un vase de cuivre de forme cylindrique, et dont la surface convexe est garnie de trous. En faisant mouvoir la machine, le cercle de pression descend, les jus des végétaux sortent par les trous, et vont se répandre dans une espèce d'ornière formant le périmètre du plateau. Une petite ouverture circulaire, à laquelle est adapté un tuyau, fait écouler le liquide dans un vase placé sous la machine. Une table très-forte, en beau bois de noyer, et décorée de moulures élégantes, sert d'établi à cette mécanique.

— *Fauteuil mécanique* pour une personne malade, par le même mécanicien. Ce fauteuil a le double avantage de pouvoir être dirigé dans tous les sens par le malade et de se déployer à volonté pour servir de lit de repos. Lorsqu'on veut se coucher, on fait approcher le fauteuil contre le lit, et, au moyen d'un mécanisme ingénieux, on le fait élever à une hauteur convenable pour n'avoir plus qu'à se glisser sur les matelas.

— *Presses à timbre sec* pour les notaires, par le même mécanicien. Ces presses, d'une forme nouvelle, sont montées sur un socle en acajou, garni de colonnes de même bois. Elles réunissent l'élégance à la solidité.

MEMORIAL FRANÇAIS

DES BATIMENS, DES ARTS, DES SCIENCES ET DE LA LITTÉRATURE.

A partir du 3e. Numéro du Mémorial Français, on donnera une Revue des constructions publiques et particulières.

En conséquence, le Directeur principal a l'honneur de prier MM. les Entrepreneurs de lui adresser des notes sur les travaux qu'ils ont faits, ainsi que sur ceux qu'ils feront dans le courant de 1821.

Considérations générales sur les constructions publiques et particulières, par M. Jeannin.

> Dans les constructions, l'expérience et la pratique valent infiniment mieux qu'une prétendue théorie qui n'est, en général, fondée que sur l'art de dessiner les ordres et les ornemens d'architecture.

L'architecture n'est depuis long-temps qu'une connaissance confuse. La plupart des architectes qui bâtissent s'inquiètent fort peu des moyens qu'ils emploient pour faire tenir leurs édifices ; il leur suffit de les mettre debout et leur réputation est sauvée quoique acquise souvent aux dépens de la fortune des particuliers qui leur ont accordé une confiance aveugle.

Beaucoup d'hommes qui ne connaissent que l'art du dessin se sont arrogé le droit d'élever des édifices. Dépourvus de principes de géométrie et de statique, leurs plans ne sauraient offrir des garanties suffisantes pour la solidité ; cependant on rencontre encore quelques propriétaires qui se laissent séduire par des projets vernis et colorés et par des devis dans lesquels la dépense a été portée au plus bas possible. Mais comme il arrive que, dans le cours de l'exécution, les travaux sont doublés, celui qui fait bâtir se trouve ruiné.

Il n'est donc pas étonnant, d'après cela, qu'un grand nombre de propriétaires emploient de préférence MM. les entrepreneurs de bâtimens. Ces derniers sont doués d'une expérience qui les met à portée, non-seulement d'indiquer les véritables prix de construction, mais encore d'apporter beaucoup d'économie dans les dépenses. Si l'on considère, en outre, que leurs projets, pour les maisons particulières, sont aussi élégans que ceux de MM. les architectes, et que l'on n'a pas à leur payer des honoraires qui s'élèvent toujours à plus du vingtième de la dépense réelle, il devient facile d'expliquer pourquoi ils obtiennent la préférence.

Je sais bien que ce que je viens de dire n'est pas applicable aux monumens publics auxquels on doit donner certains caractères qui sont du ressort des ordres d'architecture pour lesquels il faut avoir fait des études spéciales. Actuellement MM. les Entrepreneurs ont fait ces études, et les mettent en pratique avec beaucoup de succès.

Mais, c'est ici le cas de le dire, malheureusement nos architectes ont toujours négligé les études mathématiques indispensables pour construire avec soldité, pour ne s'occuper que du dessin des ordres et de l'histoire de leur art. Ces artistes ont constamment pensé que le sentiment seul pouvait remplacer la science et que d'ailleurs il leur suffisait d'avoir des tarifs ou plutôt des barêmes pour obtenir les rapports qui doivent exister entre toutes les parties d'un monument pour qu'il soit durable.

C est avec ces fausses idées, c'est avec de semblables raisonnemens que Soufflot a conçu les plans de l'église de Ste.-Geneviève (le Panthéon français), l'un des monumens les plus hardis qu'on ait construits en France.

Sous le rapport de l'élégance et de la simplicité, le Panthéon français ne laisse que fort peu de chose à désirer; mais si l'on veut entrer dans tous les détails de la construction, on s'apercevra qu'il est entièrement défectueux, et que l'architecte a complètement échoué dans ses calculs.

En effet, que peut-on penser des écrasemens de cet édifice auxquels on n'a pu remédier qu'en diminuant la largeur des arcades du dôme pour atténuer l'action oblique du fardeau contre les piliers? Soufflot ignorait donc les premiers élémens de la statique, puisqu'il n'a pas su déterminer les rapports qui doivent exister entre les parties poussantes et les parties résistantes pour obtenir la solidité sans laquelle il n'y a point d'architecture?

L'architecture, dans l'état où elle est actuellement, n'est pas facile à définir. Est-ce une science? est-ce un art? est ce un résultat de science et d'art? telles sont les trois questions que beaucoup de personnes se sont proposées sans en avoir jamais donné une solution bien exacte. Quant à moi, j'oserai me permettre de dire que ce n'est ni une science, ni un art ni un résultat de l'une et de l'autre, mais une connaissance confuse, arbitraire, et dépourvue de tous principes de géométrie et de statique. La meilleure preuve que j'en puisse donner, c'est qu'il y a, dans cette partie, presqu'autant de systèmes différens que d'architectes, et que chacun se fait des illusions de mérite qu'il croit d'autant mieux fondées qu'il ignore les premiers élémens des sciences mathématiques.

Si nous possédons quelques monumens remarquables, nous les devons plus au hazard qu'à une sage combinaison de science et d'art; la raison en est toute simple : sur dix édifices que les architectes construisent, il n'y en a pas deux qui soient sans défauts essentiels.

Dans les constructions particulières, les choses ont lieu d'une manière tout-à-fait différente. Sur dix maisons bâties par MM. les Entrepreneurs de bâtimens il n'y en a qu'une ou deux qui laissent quelque chose à désirer, et encore est-ce sous le rapport de l'élégance des formes et non sous celui de la solidité et de l'économie, car ces derniers sont tellement accoutumés à combiner et à calculer avec justesse leurs plans et leurs devis qu'il est très-rare qu'ils se trompent dans leurs évaluations. Il arrive souvent aussi que les personnes qui font bâtir ne veulent pas s'engager dans une dépense considérable, ensorte que MM. les Entrepreneurs ne peuvent pas donner aux formes de leurs bâtimens tous les agrémens dont elles peuvent être susceptibles.

Il est une vérité dont on ne saurait trop se pénétrer : c'est que dans les constructions, l'expérience et la pratique valent infiniment mieux qu'une prétendue théorie qui n'est en général fondée que sur l'art de dessiner les ordres et les ornemens d'architecture.

(La suite à un prochain cahier.)

NAVIGATION INTÉRIEURE DE LA FRANCE.

RAPPORT AU ROI,

Sur la Navigation intérieure de la France.

(PREMIER ARTICLE).

Aux regards des spectateurs tranquilles qui s'occupent des intérêts politiques et commerciaux de l'Europe, c'est un spectacle digne d'être contemplé que de voir tous les peuples qui l'habitent tourmentés du besoin de produire et plus encore de celui de livrer leurs produits aux consommateurs.

De tous les moyens de créer des débouchés à nos produits en les rapprochant des besoins, il n'en est aucun qui soit reconnu plus efficacement utile que le projet qui donnerait à la Navigation intérieure, tous les développemens dont elle est susceptible. Par la Navigation intérieure, à l'aide des nombreux canaux qu'elle ferait circuler sur la surface de la France, on pourrait lui appliquer l'heureux hémistiche de Virgile:

Omnis fert omnia tellus.

Un échange continuel s'établirait entre les productions du nord et du midi, et si le système de droit que les denrées auraient à supporter était combiné avec plus de modération qu'il ne l'est aujourd'hui, on verrait se réaliser le vœu de tous les amis du commerce français qui voudraient que le prix des marchandises se nivellât de manière que le fret fut le moindre possible et n'affectât pas sensiblement le prix des objets transportés.

Les premiers, nous avons créé des canaux : celui de Briare et de loing remonte au règne du bon Henri. Le magnifique canal du Languedoc qui lie deux mers entr'elles, cet ouvrage admirable qui porte le cachet de grandeur que Louis XIV sut imprimer à tous les monumens qu'il a créés, a précédé l'établissement des canaux dont l'Angleterre se vante aujourd'hui avec tant d'orgueil. Nous sommes entrés les premiers dans la carrière; nous nous sommes laissés devancer, mais encore quelques efforts, encore quelques-uns de ces sublimes élans que nous savons si bien recevoir de l'amour de notre Roi et de notre belle patrie, et nous aurons bientôt atteint nos rivaux.

Il n'y a pas plus de cinquante ans qu'un peu d'*ensemble* a été mis dans l'exécution des travaux en Angleterre : par *ensemble* nous sommes forcés d'entendre plutôt la continuité des vues, la persévérance dans le système que cette harmonie qui lie entre elles les parties d'un même tout.

Car en Angleterre, chaque communication est isolée d'une autre et elle n'y tient qu'autant que l'entrepreneur l'a cru nécessaire aux besoins de la localité, à ses vues particulières, et rien ne la rattache que par un hazard heureux à une combinaison précédente.

Ce n'est donc que depuis 1747, et surtout depuis 1784 que la canalisation a été portée dans la Grande-Bretagne au degré d'universalité, et à certains égards, de perfection où on la voit aujourd'hui. Nous renvoyons aux excellens ouvrages de MM. Dutens et Cordier et à celui que prépare notre savant ami M. Dupin, les personnes qui voudront connaître ce qui a été exécuté depuis cette période dans les trois Royaumes-Unis.

Une question bien simple a d'abord été faite : pourquoi la canalisation a-t-elle si rapidement parcouru le cercle en Angleterre, pourquoi les avantages en sont-ils à peu-près méconnus en France? si l'on en croit les auteurs que nous venons de citer ils répondront unanimement :

1°. En Angleterre, l'abondance des capitaux amène la nécessité de leur emploi, et le bas prix de l'intérêt permet de rapprocher le revenu des fonds consacrés à la canalisation de la rente que donnerait ou le commerce ou l'agriculture; en Angleterre le placement à 3 pour cent est regardé comme avantageux, et le taux de l'intérêt, quoiqu'il tende à la réduction, est encore, chez nous, bien supérieur à celui de 3 pour cent.

2°. En Angleterre une plus grande masse d'affaires nécessite de plus nombreux et de plus forts transports, les canaux sont toujours occupés; en France ils chômeraient souvent, les masses de denrées ne se dirigent pas dans tous les sens, elles ne sont que très-rarement transférées d'un lieu à un autre, ou, quand elles le sont, c'est pour être immédiatement livrées à la consommation : Paris et les grandes villes, voilà les lieux de destination.

3°. Une législation plus appropriée se prête à ce genre d'entreprise : de grandes facilités sont données, aucune entrave ne vient arrêter la marche des travaux, la concession est presque aussitôt obtenue que demandée, un jury local, exempt de toute influence, débarrasse l'exécution de ces lenteurs administratives qui, chez-nous, paralysent si souvent les meilleurs projets, et dont chacune d'elleest à l'achèvement d'un canal, un obstacle presque toujours inutile, et souvent nuisible.

4°. Les Anglais ont créé une sorte de canaux qu'ils

nomment canaux de petite navigation : établis avec une sage économie, combinés avec les canaux de grande navigation, ils permettent au commerce et à l'industrie le juste espoir d'appliquer tous leurs moyens de développer leurs forces. En France, jusqu'à ce jour, on a voulu faire des monumens : un luxe vraiment onéreux a conduit à des dépenses excessives et décourageantes, aussi, à quelques exceptions près, voyons-nous beaucoup de canaux commencés; presqu'aucun n'est achevé.

Sans adopter entièrement ces réclamations, nous sommes forcés, avec l'administration elle-même, de convenir qu'elles sont justes en partie ; aussi l'étude constante de l'habile administrateur chargé de la direction des Ponts et Chaussées se porte-t-elle vers les moyens de faire cesser la plupart de ces obstacles. Nous ne doutons pas qu'il n'y réussisse, et son rapport, où il les représente, nous laisse l'espérance que ce sont peut être les dernières réclamations qui seront faites à ce sujet.

Tandis que nous voyons les Français envier à l'Angleterre sa législation sur la canalisation, les Anglais rendant plus de justice à notre administration, pensent, et c'est notre opinion, qu'avec des modifications désirées, reconnues utiles, sur le point d'être admises, elle pourra tellement combiner le système de notre navigation intérieure, en lier avec tant de soin les parties, admettre des chances si heureuses, que dans moins de trente ans l'ensemble de nos travaux sera aussi supérieur à la masse des travaux anglais qu'un grand édifice d'une noble et belle architecture l'est à une suite irrégulière de constructions qui ne sont pas coordonnées entr'elles.

(La suite à un prochain cahier.)

INDUSTRIE FRANÇAISE.

Sur la Caisse hypothécaire et ses résultats ; par M. Berthevin.

(SECOND ARTICLE.)

Les associations offrent un utile levier d'éxécution pour les grandes entreprises. Un estimable écrivain, M. Delaborde, en invoque l'institution pour sa patrie: il a vu tout le bien que la France, agricole et industrielle en pouvait attendre. La législation, sur les sociétés anonymes, se prête merveilleusement à ce système; cette combinaison commerciale, qui doit son nom social à l'objet sur lequel les associés portent leurs moyens, est une association de capitaux, une association de choses : les hommes n'y sont considérés que comme auxiliaires; elles ne sont pas par eux, mais par les moyens que leurs capitaux y font naître. On ne saurait trop propager l'esprit de ces sociétés, en favoriser les projets ; cependant, la sagesse de la loi a prescrit que l'autorisation du Roi leur était nécessaire pour exister; que le Prince et son Conseil devaient connaître et approuver leur établissement : c'est un droit nouveau, une forme inusitée, qui doit être entourée de précautions légales. L'examen porte spécialement sur la nature de la société, sur l'existence de fonds primitifs (le quart au-moins en somme), du capital proportionnel : il vérifie les statuts, et donne au Public une sûreté morale, une garantie qui ne porte pas sur les chances de la société, sur le succès de sa spéculation. L'acte d'autorisation n'est pas une concession, n'est pas un privilège; c'est une forme légale qui constate que des hommes recommandables, d'ailleurs dignes de confiance, se sont réunis pour exercer une industrie; industrie qu'une société *collective*, qu'une société *commanditaire*, pourraient exercer sans autorisation.

Ces principes sont ceux qui règlent l'autorisation des sociétés anonymes, qui font proclamer leur institution: un administrateur qui joint une masse de connaissances des faits, beaucoup de lumières à une longue pratique, qui s'est fait un nom comme financier, un nom qui lui restera malgré ses systèmes; malgré les erreurs de ses articles dans les journaux, M. Bricogne en un mot a-t-il pu les méconnaître, et distiller avec amertume, dans quelques phrases ambitieuses, sa bile contre les chefs de l'administration, contre les bureaux, contre le Conseil-d'Etat, contre..... Ici je m'arrête; car son aigreur n'a plus nommé, que parce qu'elle ne trouvait plus d'objets à censurer. Je ne sais s'il n'y a pas, dans cet accès d'humeur, quelque peu de regret; mais, le laisser percer, est souvent une maladresse, toujours un tort, quand ce n'est pas une faute; rarement la main qu'arme une agitation qui ne naît pas d'un mouvement noble, atteint son but. Si M. de Bricogne, mieux conseillé par la réflexion, par cette habitude précieuse des affaires, avait voulu pénétrer dans les devoirs de l'administration, saisir l'esprit de sa conduite, dans cette circonstance, il eût attaqué, avec son rare talent, les principes et les statuts de la Caisse hypothécaire; il eût, sans les exagérer, présenté les inconvéniens de cet établissement: sentinelle avancée, gardien des intérêts de ses concitoyens, il les eût prémunis contre les promesses de la Caisse; *et les propriétaires, avertis par leur bon sens, par leur intérêt, par leur calcul*, ET LES SIENS RECTIFIÉS, *par leurs notaires, par la clameur publique*, et par sa voix, *n'auraient pas emprunté à la Caisse.*

La Caisse hypothécaire a été autorisée, parce que c'est une combinaison financière qui, présentant ses chances de pertes, pouvait compenser ses risques; réussit-elle à demi, l'esprit français par essence imitateur, sous vingt formes différentes, reproduit des moyens de prêt à la propriété, mieux combinés et plus utiles pour elle; n'a-t-elle aucun succès, c'est un fait de plus à ajouter à la série, qui prouve que les banques ne peuvent pas prêter uniquement à la propriété. La combinaison des annuités était une ingénieuse innovation : elle doit être encouragée, favorisée; c'est une nécessité d'économiser; c'est une facilité d'acquittement; c'est en sens inverse de l'amortissement, un moyen de faire reporter sur l'avenir la charge du présent; ses combinaisons sont une application des plus heureuses de l'intérêt composé. Ce moyen de libération est le plus doux et le plus simple; mais les calculs n'en sont pas connus, et nous n'en voulons pour garant que l'aveu de M. Bricogne : ces motifs, des considérations peut-être d'un ordre plus relevé, et qui échappent à notre faible vue, ont pu frapper l'administration et l'engager à autoriser. D'ailleurs, l'administration ne l'a-t-elle pas fait avec une prudence remarquable dans cette circonstance : une combinaison non encore tentée était offerte; l'ordonnance en permet l'essai, mais conserve les droits des tiers; ne veut pas que la concession soit regardée comme une exception qui soustrairait les actionnaires de la Caisse à la législation générale. Rien n'est décidé; si quelques doutes s'élevaient, les tribunaux prononceraient et créeraient la jurisprudence dans cette matière neuve.

Il est facile, de mode même, d'attaquer le Gouvernement, de proclamer ses erreurs, de se faire *op-*

position; mais la réponse est dans les faits, et la prospérité croissante de l'agriculture et de l'industrie sont plus que des raisonnemens pour venger l'administration.

Je ne veux plus qu'adresser à M. Bricogne un petit trait tiré de l'histoire orientale, qui expliquera toute ma pensée. Un Calife, jaloux de la gloire des Pharaons, voulut détruire les pyramides qui l'attestent et la révéleront à la succession des siècles : il ordonne de les démolir; cinq cent mille travailleurs s'occupent sans relâche à en arracher les pierres. Déjà, elles couvrent, à quatre lieues au loin, les sables de la Lybie : un derviche apprend cette résolution du prince; il vient pour être témoin du grand désastre; il voit d'abord les débris immenses, et pleure déjà la chûte des monumens qu'il aurait voulu visiter. Cependant, il poursuit sa route, arrive aux pieds des pyramides, les contemple, et s'écrie : *Dieu soit béni! des animaux malfaisans ont ici épuisé leur fureur, mais n'ont fait qu'égratigner ces murailles.*

RÉSUMÉ.

Ainsi nous croyons avoir démontré, dans ces observations que l'amour seul de la vérité a pu nous suggérer, qu'aucun intérêt n'a dictées, que la grande institution de la Caisse hypothécaire ne résistera pas aux attaques diverses qui assiégent son berceau, aux causes de mort qui environnent son existence éphémère, aux préventions trop justifiées que fait naître le taux usuraire auquel elle accorde des prêts. Nous avons prouvé que les calculs les mieux établis font accorder la préférence à tout autre mode; en sorte qu'aulieu d'aider la propriété comme moyen de libération, comme moyen d'amélioration, elle n'atteint ni l'un ni l'autre but. Comme moyen de libération, elle enlace la propriété, elle s'attache à elle, la serre d'autant plus, qu'elle s'approche du terme de ses exactions; qu'en exigeant réellement le triple du prêt en vingt ans, elle dépasse de toute sa valeur le taux légal; que par les conditions du prêt, la totalité de la propriété est engagée, sans moyen intermédiaire, puisque pendant le long laps de temps où elle doit servir de prétendues annuités, elle paye chaque année le triple du revenu, effort auquel elle doit succomber. Les combinaisons ne seront pas plus favorables pour la Caisse, si on la considère comme moyen d'amélioration; car, excepté dans quelques cas rares, où la propriété peut supporter une pareille charge, comme le double du revenu amélioré ne peut qu'à peine atteindre le service de l'intérêt, alors l'amélioration n'aura que le mérite d'augmenter le gage de la Caisse, et cela en pure perte pour l'améliorateur.

Nous avons calculé les chances qui détermineront le sort des actionnaires, prouvé que les avantages promis seront éludables, même dans le cas d'un grand succès; nous avons fait trembler les chambres de garantie, qui pour un mince bénéfice, se portent caution des prêteurs, doivent, par cela même que le mandat n'est pas gratuit, devenir la garantie et la caution des emprunteurs; enfin, les administrateurs, qui, par leur moralité et leur honorable caractère, ont pu embrasser le *faux semblant* qu'ils n'ont pas assez examiné, auront, dans le tableau des événemens, ou le regret amer du non-succès, ou le regret plus vif d'avoir caressé un plan que l'ignorance volontaire ou absolue a créé, et dont ils n'appuieront pas long-temps la désastreuse exécution. Enfin, nous avons examiné le résultat de la Caisse dans ses rapports avec la richesse publique, et nous avons été loin de la regarder comme producteur, soit par elle même, c'est-à-dire par ses effets directs, soit par ses effets immédiats sur les moyens de production; en effet, elle ne crée pas de valeurs, ni de crédit réel, ni de crédit d'opinion. Après avoir resserré ici, autant qu'il était en nous, l'énumération de nos moyens d'attaque; pressé aussi vivement qu'il nous a été possible l'argumentation; après avoir pénétré dans les causes et la nature des effets, avoir réduit à leur véritable expression les formes fallacieuses dont s'était enveloppée une rédaction adroite, mais perfide, on s'étonnera peut-être de nous voir bénir l'époque où la Caisse triomphante, après une lutte longue, a surmonté tous les obstacles. Je ne sais si la fable ne dit pas que, pour enchaîner Protée, il le faut saisir à sa dernière métamorphose. Ce motif pourrait y entrer pour beaucoup; mais d'autres considérations d'un intérêt plus élevé, nous animent et dictent nos applaudissemens.

La Caisse hypothécaire tombera, mais la raison de notre siècle restera; il y a trente ans, nous eussions vu, sans les approfondir peut être, ces calculs erronés à l'aide desquels on accumulait la masse des intérêts, on les capitalisait avant même le paiement de la moindre somme; alors, des valeurs les plus réelles, les plus sûres que puisse espérer le crédit, auraient été échangées contre des obligations, je ne dirai pas *hypothécaires*, mais *hypothétiques*. Il y a trente ans, on eût vu un gain dans tous les petits grapillages que la maladresse a mal dissimulés; il y a trente ans peut-être, quelques voix se fussent élevées, mais le cri d'indignation n'eût pas été tout français, tout général. La Caisse hypothécaire tombera, mais l'esprit de calcul nous restera. Premier bienfait de la Caisse hypothécaire.

Les adversaires de la Caisse ont pu se tromper dans leurs calculs; les combinaisons qui y ont donné lieu, ont fait soupçonner l'existence d'un calcul d'intérêt composé; quelques jours encore, et des opérations financières, reposant toutes sur lui, nous révèleront sa puissance, nous donneront le secret de sa force. Les combinaisons dues à l'intérêt composé, second bienfait de la Caisse hypothécaire. La Caisse hypothécaire tombera; mais la forme de libération par *annuités* a déjà saisi quelques esprits; on y entrevoit une méthode inverse de l'amortissement qui en offre les salutaires effets, et on a pu voir ici que Messieurs les fondateurs, créateurs et inventeurs de la Caisse hypothécaire, avec 662 francs auraient à 4 pour 100 balancé leurs profits et pertes; que si le taux de l'intérêt avait été légal ou fixé à 5 p 100, l'annuité n'eut pas, pour conserver la même balance, dépassé 727 francs; qu'en prêtant à 8 p. 100, comme le veut le sytème combattu, il a fallu prendre 900 francs par an, pour solder à intérêts composés une même somme de 9.000 francs pendant vingt années, durée proposée pour le prêt. Le système des annuités survivra à la Caisse hypothécaire, et il faut espérer que des dispositions législatives en régleront la délicate combinaison.

La Caisse hypothécaire tombera; ses inconvéniens sont ceux de toutes les banques territoriales qui, ne pouvant imprimer aucun mouvement à leurs valeurs, ont tout le caractère de l'immeuble, avec cette chance défavorable de plus, que la longue échéance est le premier obstacle à leur fécondité, par conséquent, à ce que la spéculation s'en empare, tandis que la fixité de la propriété est le plus sûr garant du crédit. La Caisse hypothécaire n'a pu lutter contre ce mode de placement, le moins productif de tous, qu'en s'aidant de la force artificielle et immorale d'une usure déguisée; nécessité qui a donné une forme odieuse à des intentions peut-être légitimes. Toutes les banques territoriales sont tombées; rien ne garantira la chute de la Caisse hypothécaire: on est miné lentement; mais on meurt des attaques sourdes d'une maladie chronique comme des violens paroxismes d'une maladie inflammatoire.

La Caisse hypothécaire tombera, mais le génie français lui survivra; ce génie, si fécond en ressources, si riche en moyens, lorsqu'il les applique aux opérations de finances, saura *connaître, saisir, suivre les mouvemens que nos besoins donnent aux choses* pour rendre plus productive la perception de l'impôt. S'il s'étudie à trouver des moyens d'augmenter la richesse publique, ne verra-t-il pas bientôt que la fixité, le caractère essentiel de la propriété, est, par son immobilité même, une sûreté pour le crédit réel, une garantie des mouvemens auxiliaires qui y associeront la richesse territoriale, alors le crédit des choses joint au crédit d'opinion ne seront plus comme ces dieux jumeaux dont parle la fable, qui ne pouvaient être à la fois ni sur la terre ni dans les cieux. Ces deux sources de la richesse nationale vivront d'une double action, comme les astres qui se meuvent dans le ciel se balancent dans l'espace à l'aide d'un double mouvement.

Les bonnes mesures se soutiennent, les mauvaises n'ont pas d'appui : la banque qui réaliserait nos vues serait à la fois foncière et de circulation : par ses prêts successifs et proportionnels à la propriété, elle limiterait ses opérations, elle rapprocherait le taux commercial du taux légal, et, en faisant tomber celui-ci, donnerait à la propriété des moyens inespérés.

Si jamais cette heureuse réunion des intérêts fonciers et commerciaux s'effectue, celui qui aura créé cette grande conception, fait réussir cette brillante et heureuse hypothèse ; celui qui en aura surpris le secret qui aura combiné les ressorts de cette opération, aura donné une nouvelle vie au crédit, en aura assuré la puissance, cet homme aura plus fait pour son pays, que le conquérant qui aurait augmenté le territoire de deux fertiles provinces, ou l'artiste qui l'aurait enrichi des productions de sa plume ou de son pinceau.

(*La suite à un prochain Cahier*).

LITHOGRAPHIE - SIDÉROGRAPHIE

Le Numéro 3 des *Annales françaises des Arts, des Sciences et des Lettres*, contient un article de M. G., sur l'*Extrait du Manuel de l'Amateur d'estampes, par M. Joubert père, graveur.* Cet article est entièrement dirigé contre la *lithographie*, aujourd'hui si répandue en Europe, particulièrement en France; et contre la *sidérographie* nouvellement inventée en Angleterre par M. Parkins, et dont le but est de multiplier identiquement, par une espèce de polytypage sur l'acier amolli, toute planche de cuivre gravée en taille-douce.

« M. Joubert (dit M. G.), en homme éclairé, entre » dans tous les détails de cette découverte (la sidérographie) qu'il soumet aux savans et à tous ceux qui » peuvent raisonner sur la matière; il en démontre » l'imperfection et le but, tendant à dégrader l'art, » puisque cette invention fait disparaître les beautés » de la gravure, et doit produire le dégoût de l'artiste. » Ainsi, dit-il (M. Joubert), la sidérographie achèverait l'œuvre commencé par la lithographie, sans » offrir, l'une et l'autre, aucun dédommagement. »

Ces Messieurs pensent encore que la propagation et l'emploi d'une semblable industrie (en lui supposant la perfection qu'elle ne peut pas avoir selon eux), écarteraient l'intérêt et l'émulation de l'art, feraient le plus grand tort au commerce, et effaceraient la ligne de démarcation qui existe entre les épreuves bonnes et les faibles.

L'art de la gravure sera vraisemblablement fort obligé à MM. Joubert et G., de l'*intérêt* et de *l'émulation* avec lesquels ils ont embrassé sa défense; mais s'il avait le don de la parole (*verba*), il leur dirait sans doute, après les avoir remercié de leurs bons offices:

« Mes chers amis, je ne crains rien pour moi, et si vous n'avez rien à craindre pour vous-mêmes, tenez-vous en paix, et laissez aller les choses; c'est avec des chefs-d'œuvres, et non avec des phrases, qu'il faut arrêter les entreprises de la *lithographie* et de la *sidérographie*, sur mon domaine. Une belle estampe, telle, par exemple, que la Galathée de Richomme, fera plus pour moi que vingt beaux discours. Si vous voulez continuer de me servir d'avocats, employez de semblables argumens, mais renoncez à ceux de la rhétorique, qui n'ont jamais rien prouvé dans une pareille cause.»

A quoi servent en effet ici d'oiseux raisonnemens? Et comment concevoir que l'*imperfection de la nouvelle découverte*, *en faisant disparaître les beautés de la gravure*, *produira le dégoût de l'artiste?* Si le procédé *sidérographique* est imparfait, il ne fera tort qu'à lui-même: une belle planche dont on n'aura obtenu que de faibles ou de mauvaises copies, n'en demeurera pas moins une belle planche; et si les copies sont bonnes, on aura l'avantage d'avoir multiplié une belle chose. Je ne vois rien là qui doive dégoûter l'artiste.

Cependant je crois bien, comme MM. Joubert et G. qu'il est de certaines finesses, de certains demi-tons ou quarts de tons que la *sidérographie* ne produira pas. Mais les inventeurs ont-ils prétendu, en effet, polytyper toutes sortes d'estampes, jusqu'à celles des *le Keux*, des *Radcliffe*, des *Heath*, des *Woolett* leurs célèbres compatriotes? Il est possible alors qu'ils aient trop compté sur la précision et les ressources de leur procédé, mais il ne faut pourtant pas se hâter de juger. L'expérience prouvera bien s'ils se sont flattés; et quand la sidérographie ne serait utile que pour la gravure des caractères et des vignettes typographiques, ce serait déjà un très-grand avantage, et il ne faudrait pas y puiser des prédictions sinistres sur la ruine prochaine de la gravure en taille-douce.

Je ne sais pas, d'ailleurs, ce que la lithographie a de son côté déjà commencé à cet égard, et je ne vois pas, malgré les chefs-d'œuvre qu'elle a produits depuis peu d'années, que les belles estampes de Drevet, d'Audran, d'Edelinck, de Ficquet, de Bervic, d'Urbain Massard, de Raphaël Morghen, de Muller, de Bartholozzi, de Jazet, et tant d'autres, aient beaucoup perdu de leur prix

Mais enfin, quand il serait vrai que ces deux puissances ambitieuses réunies, feraient succomber la gravure sous leurs efforts, serait-il également vrai de dire qu'elles ne nous offriraient aucun dédommagement? n'en seraient-elles pas un elles mêmes?

D'abord la sidérographie ne peut pas anéantir la gravure, puisque la gravure en est le fondement.

Et si ce crime pouvait être reproché à la lithographie, il me semble que les amateurs de belles estampes pourraient facilement se consoler avec les Athalin, les Isabey, les Fragonard, les deux Vernet, les Bourgeois, les Daguere, les Robert, les Vauzelle, les Gosse, etc. Ils trouveraient dans les dessins de ces artistes, cette chaleur et ce mouvement que la gravure ne donne presque jamais, avec un fini auquel cette dernière est rarement parvenue sous la main des artistes français.

Quant au commerce, dont MM. Joubert et G... font valoir aussi les intérêts, il me paraît qu'il doit lui être absolument indifférent de s'exercer sur des estampes gravées, lithographiées ou *sidérographiées*. Pourvu que les marchands vendent, c'est l'affaire.

Je n'aperçois qu'une classe de gens qui demeure réellement en souffrance, c'est celle des graveurs médiocres, et peut-être est-ce leur cause, bien plus que celle de l'art, que M. J. a eu l'idée d'embrasser. Il faut en faire honneur à son humanité; mais il ne serait pas plus raisonnable de proscrire, en leur faveur, les nouvelles inventions qui, bonnes et utiles, peuvent les contrarier, qui ne l'eût été de s'opposer à la propagation de l'imprimerie, parce qu'à l'époque où elle fut découverte, il y avait une foule de scribes qui vivaient à copier les manuscrits.

Je terminerai en faisant observer à MM. J. et G., car il faut procéder par ordre, que rien n'effacera la ligne de démarcation qui existe entre les épreuves bonnes et les faibles, attendu qu'il y en aura toujours d'unes et d'autres, comme il y aura toujours de véritables artistes, et des gens qui en usurperont le nom; de sincères amis du goût, des arts et des lumières, et des hommes qui, sous prétexte de défendre le goût, les arts et les lumières, ne défendront que leur intérêt personnel.

S......

LITTÉRATURE.

Voyage historique et politique au Monténégro, orné d'une carte et de douze gravures; par M. le colonel Vialla de Sommières, chevalier des ordres royaux et militaires de Saint-Louis et de la Légion d'Honneur, etc. Chez A. Eymery, libraire, rue Mazarine, n°. 30.

Après tant de voyages qui, depuis les vingt dernières années du siècle précédent, et les vingt de celui que nous parcourons, ont enrichi l'agriculture, le commerce, les sciences et les arts, en étendant le cercle des connaissances humaines; après le contact récent des peuples, qui a produit l'exploration presqu'universelle, à laquelle aucun point du monde semble n'avoir échappé; on paraîtra surpris d'apprendre qu'il y eut au sein de l'Europe civilisée une contrée encore brute, et dont la description et l'histoire morale fussent inconnues au monde savant. Tel est pourtant l'effet que doit produire la relation des voyages que nous annonçons.

Cet ouvrage dont la narration rapide se distingue en général par un ton véritablement noble et un style facile, se fait lire avec d'autant plus d'intérêt que l'auteur exempt de toute prétention, s'y montre avec l'abandon de cette franchise qui décèle la vérité. La multiplicité des détails, et les traits originaux en varient, à l'infini, la lecture, et l'égaient, en même temps, par la naïveté du narrateur.

Ce voyage est du bien petit nombre de ceux, dans lesquels on ne rencontre pas de ces récits romanesques dont se nourrit l'aveugle crédulité, et qui font suspecter la bonne foi du voyageur.

M. le colonel Vialla s'est attaché sur-tout aux traits généraux qui caractérisent les peuples, et qui sont le véritable type auquel il est plausible de les distinguer, et de vouloir les reconnaître.

Législation, politique, morale, religion, langage, loyauté des transactions, fêtes nationales, etc. Tels sont les élémens que l'auteur a puisés à la source, en parcourant le pays des Monténégrins, en observateur exercé.

Ses définitions sont claires, précises, et deux suffiraient presque pour faire connaître ce pays, qui est, dit l'auteur, « notre proche voisin par la nature, et

» notre antipode par son isolement et ses mœurs.

« Les Monténégrins ont tous les vices d'une civi-
» lisation imparfaite ; mais aussi, ont-ils toutes les
» vertus de la simple nature. »

S'il parle du sol, « partout, dit-il, c'est un entas-
» sement de montagnes inaccessibles, un brisement
» confus de rochers suspendus, ou alternativement
» affaissés les uns sur les autres, qui offrent le spec-
» tacle de la nature cédant aux efforts d'un boulever-
« sement général. »

L'auteur fait preuve de beaucoup de finesse de tact, dans le jugement qu'il a porté sur divers objets soumis à son examen. Des comparaisons ingénieuses, des aperçus délicats, des tableaux tracés avec goût, rendent la lecture de cet ouvrage, agréable et instructive: elle flatte la curiosité par la nouveauté des usages, et la satisfait promptement par le laconisme de l'expression.

Cependant il faut le dire, c'est avec regret, qu'à travers le bon goût qui règne dans le style, on remarque des passages dans lesquels l'auteur est descendu jusqu'à la trivialité; ce qui nous a paru difficile à concilier avec le ton général qui caractérise l'ouvrage.

M. B.

Nota. L'article qui précède était déjà écrit et classé lorsque les pièces suivantes nous sont parvenues de la part d'un de nos abonnés, avec l'invitation de les insérer dans le Mémorial; la réclamation qu'elles renferment importe trop aux lettres, pour que tout publiciste ne tienne pas à honneur de l'accueillir avec empressement.

A MM. les Rédacteurs du Mémorial Français.

MESSIEURS,

Le libraire A. Eymery a publié en septembre 1820, le voyage historique et politique au Monténégro; par

M. le colonel Vialla de Sommières. Les infidélités que cet estimable auteur a reconnues dans cet ouvrage qui, dans l'état où on l'a offert au public est, tout au plus, digne de figurer dans la bibliothèque de nos *turcarets*, l'obligea à réclamer par la voie des journaux. Le seul Constitutionel lui fit la grâce d'insérer une lettre après dix-sept jours d'instances; tandis que le lendemain, par une attention toute particulière, ce journal s'empressa d'annoncer au public que le sieur Eymery répondrait à M. le colonel Vialla le jour suivant. En effet, au lieu de raisons, on répondit des outrages; mais il fut impossible à l'auteur d'obtenir l'insertion d'un dilemme qui n'admettait point de *réplique*. Le libraire avait dépêché le sieur *Ducange*, son scribe à gages, à tous les journaux, pour mendier le refus qu'on fit avec persévérance, de la moindre insertion.

Que les journaux n'accueillent point les querelles qui se renferment dans le cercle des intérêts privés, et dont l'influence est nulle à l'égard de la société, on ne peut qu'applaudir; mais quand il s'agit de tout ce qui se lie à la littérature, c'est un devoir pour eux de *s'emparer* des moindres détails, sur-tout lorsqu'ils *s'emparent* du titre de régulateurs.

Tout auteur, quelque soit le tarif de son talent, doit, ce me semble, compter sur eux, comme sur ses défenseurs naturels; ils doivent être les abris protecteurs, le port de salut contre les entreprises frauduleuses des forbans du génie. Toutefois, dans cette circonstance, la cause de M. le colonel Vialla a été méconnue, abandonnée. Les intérêts mercantiles des *mutilateurs* de l'ouvrage ont prévalu sur le droit de l'auteur *mutilé*, et le respect des lettres.

Il paraîtrait cependant équitable de prétendre que tous ceux des journaux qui ont fait l'analyse du voyage au Monténégro, étaient dans l'obligation absolue d'accueillir les réclamations de l'auteur. Aucun ne l'a fait. Sans doute on a jugé l'auteur satisfait par quelques éloges. On se serait étrangement abusé ! Dans l'état où est réduit l'ouvrage, ces éloges ne peuvent qu'offenser tout homme délicat; tandis qu'ils laissent la présomption, ou qu'on ne l'a pas lu avec toute l'attention, qu'impose l'analyse, ou que les articles partent de la fabrique d'Eymery, dans le but unique de calmer la juste indignation de l'auteur, au bénéfice du *thuriféraire*.

Si j'eusse été chargé de l'analyse d'un tel ouvrage, je l'eusse pulvérisé, ou du moins, j'en eusse fait ressortir les innombrables défectuosités dans l'intérêt des lettres. J'eusse marqué d'un index réprobateur ces passages entachés d'une diction qui se ravale au niveau du langage des halles, et dont le contraste avec le ton général de l'ouvrage, atteste qu'ils appartiennent à un génie gothique, ou à un avorton littéraire. L'étendue de cet attentat est sans exemple dans notre littérature; et il est encore sans exemple qu'un auteur ainsi travesti, n'ait pas trouvé autant de défenseurs que d'écrivains.

Quel sera donc le domaine du respect humain, s'il est permis d'abuser ainsi le public? Quel sera le lot d'un auteur qui a consacré ses veilles à enrichir sa patrie d'une acquisition nouvelle, si la publicité ne le venge de la plume dévastatrice qui l'a totalement défiguré ?

Dans l'amertume qu'en a éprouvé l'auteur, mon digne ami, j'ai été assez heureux pour être le dépositaire des secrets de son âme. Un mouvement d'expansion me les a tous dévoilés. En se plaignant douloureusement des procédés des journaux à son égard, il a distingué le *seul* M. Hoffman des Débats, pour avoir accueilli sa réclamation, en l'accompagnant des plus nobles égards; mais M. Bertin, rédacteur principal a décidé *seul* qu'elle ne serait point insérée, encore moins la réplique aux outrages prodigués par le sieur Eymery; de sorte qu'attribuant à M Vialla, tout ce qui est publié sous son nom, le lecteur peut en recevoir une impression défavorable à la réputation de l'auteur.

Je suis trop l'ami de M. le colonel Vialla, pour ne pas craindre d'être suspect dans l'hommage que j'aurais à rendre à ses talens; je sais d'ailleurs combien j'alarmerais la modestie qui l'honore. Mais comme souvent et long-temps avant qu'il n'eût cédé ses manuscrits au sieur Eymery, je les avais lus avec tout l'intérêt et toute la sévérité de la véritable amitié. Je dois déclarer au public que je n'y reconnais plus, dans une infinité de passages, ni la même dialectique, ni le même style, et qu'on a fait, dans le cours de l'ouvrage, des coupures de la plus grande importance. Je me borne à dire que M. le colonel Vialla, écrit avec pureté, je pourrais même ajouter avec élégance, et que le sieur Eymery était exempt de recourir à un homme de lettres, sur-tout au sieur Ducange père, et il eût évité l'incident scandaleux, pour lui seul, d'une telle discussion.

La sévère impartialité qui distingue le Mémorial Français me fait espérer, Messieurs, que vous vous empresserez d'insérer dans votre prochain numéro, la réclamation que M. le colonel Vialla avait adressée aux Débats, à la Gazette de France, au journal de Paris et au Constitutionnel; heureux! si mon ami obtient de vous la satisfaction, que d'autres auraient dû vous disputer de lui accorder.

Recevez, Messieurs, l'assurance de l'estime la plus distinguée et de la plus haute considération.

A. NOEL,

Homme de lettres, auteur de plusieurs ouvrages classiques, pensionnaire de l'État.

Lettre de M. le colonel Vialla de Sommières, au journal des Débats, 16 octobre 1820.

La critique noble et savante, dont vous avez honoré mon voyage au Monténégro, me fait croire que vous ajouterez à cet avantage, l'insertion dans un de vos prochains numéros, d'une réclamation fondée sur les droits des auteurs, et le respect qu'on doit à la pensée.

Le 7 septembre 1818, je cédai au sieur Eymery, mon manuscrit, par acte, sous seing-privé. Je n'ai eu connaissance de l'état dans lequel on l'a offert au public, que plusieurs jours après sa livraison, parce que, contre la teneur de notre acte, aucune épreuve n'a été soumise à mon examen.

Une plume Vandale y a porté le ravage, par de nombreuses suppressions de documens élémentaires, de notes précieuses, et de citations *textuelles*. Titre, plan, ordre des idées, idées elles-mêmes, logique, doctrine, tableaux, comparaisons, appellations nationales, teinte de style, tout y a été plus ou moins altéré.

Des interversions ridicules, incohérentes, autant que téméraires, y rallentissent la marche et la rapidité de la narration, en même temps qu'elles offrent des passages, dont la diction nous ramène aux siècles de barbarie qui précédèrent la renaissance des lettres. Tantôt, on attribue à mes interlocuteurs ce qui n'appartient qu'à moi, tantôt on me prête des propositions que je n'ai pu *avancer* parce que je ne les *pensai jamais*. Ici, on me fait porter sur d'illustres personnages un jugement qui est du domaine de la seule postérité, et qui, de ma part, serait l'acte de la plus lâche déloyauté quand l'adversité les poursuit..... Là, on ravit à d'autres, non moins illustres, un hommage que la vérité m'impose; et, tandis que je m'étais religieusement circonscrit dans le cercle des rapports d'un peuple, presqu'étranger au reste de l'Europe, on m'offre à tous les regards, travesti sous les lambeaux d'une draperie de circonstance..... Mon voyage n'a plus l'empreinte de cette pudeur historique dont je m'étais tant honoré en l'écrivant. C'est un ramas indigeste de matières hétérogènes qui, malgré les efforts laborieux des dégradateurs, se refuse à l'amalgame; aussi n'a-t-il plus sa couleur originale.

Parmi tant de reproches, un des plus graves est relatif à l'épisode de Scander-Beg; le public doit en connaître tout le secret: les coupures qu'on s'est permises dans le cours de mon ouvrage en ont sensiblement diminué l'étendue. L'éditeur voulait, néanmoins, faire ses deux tomes, et comme les âmes mercantiles n'apprécient les objets que par le poids et la mesure, il a fallu recourir *au remplissage*, et l'on a exhumé le prince Scander-Beg, pour me gratifier de ses cendres...

Je me suis plaint douloureusement au compilateur, en observant que, l'histoire de Scander-Beg étant connue du monde savant, il allait attirer sur moi le soupçon du plagiat. « Personne, a-t-on osé me répondre, ne connaît plus aujourd'hui cette histoire; elle est effacée de tous les souvenirs. »

Toutefois, Messieurs, si le manœuvre qui a souillé mon manuscrit, eût eu les moindres notions des langues orientales, il n'eût point mutilé le nom de son héros; il eût su que Scander Beg se compose de *Scander*, qui signifie Alexandre, et de *Beg*, qui chez les Turcs, comme dans une grande partie de l'Asie, exprime l'idée d'une grande considération.

Tant de flétrissures, tant de confusion, constituent un attentat qui mérite répression; et c'est au public éclairé que j'en appelle; j'en réfère encore à l'impartialité des gens de bien, aux hommes de lettres entre lesquels *à quelques degrés qu'on le soit*, il doit exister une confraternité sacrée, pour confondre les entreprises des pirates littéraires, et les vouer, par la publicité, à l'improbation.

Si la maturité de l'âge, et les leçons de l'expérience, m'imposent la modération, le devoir et l'honneur me commandent de ne pas souffrir bénévolement la violation qu'on a faite à ma pensée; à cette faculté sublime, que la nature à placée hors de la sphère de la toute puissance humaine.

Au reste, il importe à la morale qu'un auteur, quel qu'il puisse être, paraisse à la censure publique, tel qu'il s'est lui-même donné; afin qu'il sache s'éclairer des lumières d'une critique dont l'application ne soit pas un instant équivoque.

Des motifs aussi respectables seront appréciés par vous, Messieurs; vous n'hésiterez pas à consigner dans votre feuille, mon désaveu authentique de cette édition, comme infidèle. Vos nombreux lecteurs sauront par là, qu'on ne devra considérer, comme avouée, que celle dont les exemplaires porteront en tête une notice qui constate mon examen.

Reconnaissez, Messieurs, dans cette lettre, un hommage à l'érudition et au ton de dignité qui distinguent la critique de mon ouvrage, et qui ne peuvent qu'ajouter à la réputation méritée des collaborateurs.

J'ai l'honneur, etc. etc.

L. C Vialla.

NOTE DU CRITIQUE.

Par un heureux hasard, ma critique a porté sur les altérations dont se plaint M. le colonel Vialla; c'est-à-dire, sur l'épisode de Scander-Beg, et sur quelques nuances d'opinion qui m'ont paru faire disparate, avec le ton général de l'auteur. Ces taches m'ont étonné, je l'avoue, dans un ouvrage estimable, sous tant de rapports ; mais je n'ai pu les dissimuler, et j'ai dû attribuer à M. le colonel Vialla tout ce qui était publié sous son nom. Z.

C'est le caractère adopté par M. Hoffman.

Certifié conforme, le colonel L. C. VIALLA.

RÉPLIQUE

De M. le Colonel Vialla de Sommières à la réponse de M. Eymery.

Nota. Cette pièce a été adressée au Constitutionnel, aux Débats, à la Gazette de France et au Journal de Paris (8 octobre 1820), et ne fut point insérée.... Hommage à l'impartialité !...

MESSIEURS,

En confessant qu'on a violé les manuscrits de mon voyage au Monténégro, M. Eymery me répond par des outrages que je laisse refluer sur son auteur ; il avance que j'étais d'accord avec lui pour des changemens. S'il eut assigné l'époque, il eut dit vrai. Mais quand, dans quel but, et par qui devaient s'opérer ces changemens? Après la publication qui m'a révélé les infidélités dont je me plains, pour la restauration de mon ouvrage, et par moi exclusivement.

M. Eymery a cru se justifier en annonçant que je n'étais pas écrivain, parce que je suis militaire ; conséquence absurde, quand une infinité d'ouvrages immortels ont assigné le rang que doivent tenir dans la mémoire des hommes, tant d'illustres guerriers de l'histoire ancienne et moderne. Il ajoute qu'il a du recourir à un homme de lettres pour *radouber* mon ouvrage, et cet homme est le pére *Ducange* !

Ma préface suffit pour prouver que je n'ai jamais eu de prétention au titre d'écrivain. «Vieilli dans les camps, » ai-je dit, j'ignore l'art et la méthode; mais je n'abon» derai pas en descriptions factices, fruit d'une ima» gination que les tableaux de la nature n'ont point » frappé. J'AI VU, et si mon ouvrage n'offre pas l'avan» tage du style dans un temps où l'art d'écrire a fait tant » de progrès, du moins aura-t il le mérite de la vérité.»

Toutefois, rien ne confirmerait mieux, qu'en effet, je ne suis point écrivain, que l'état dans lequel mon ouvrage est offert au public, s'il était encore permis de m'en attribuer les dégradations. La déclaration publique d'Eymery m'en absout sans doute; cependant, dans l'état des choses, quelle est la mesure de la louange ou du blâme qui m'appartient? quel fruit tirer de la critique? Il ne s'agit point ici de la part de l'amour propre, mais bien de l'instruction. Et comment enfin le lecteur du voyage démêlera-t-il ce qu'il doit assigner à l'original, à travers *l'œuvre* des profanateurs qui, dans une lettre du 29 septembre 1820, me marquent que *les additions faites à mon ouvrage étaient pour rendre le deuxième volume de la même dimension que le premier*. Ainsi, Messieurs, voilà les hommes de lettres de M. Eymery, *faisant des livres à la toise*...

Au surplus, un court dilemme va résoudre la question de la légitimité de ma plainte, ou de la récrimination. Les flétrissures dont je me plains sont, ou du fait de *l'écrivain* EYMERY et de son *savant homme de lettres* DUCANGE, ou de *l'ignorant* MOI. Dans la première hypothèse, comment d'aussi habiles maîtres les y ont ils mises? Dans la deuxième, pourquoi d'aussi sévères censeurs les y ont ils laissés?

J'ai l'honneur d'être avec la considération la plus distinguée,

Messieurs,

Votre très-humble serviteur,

Le Colonel VIALLA DE SOMMIERES,

Chevalier des ordres royaux et militaires de Saint-Louis et de la Légion-d'Honneur.

HORLOGERIE.

Sur les causes qui font avancer ou retarder les Montres et les Pendules, par M. JEANNIN.

Les pendules *avancent* dans les grands froids, et *retardent* dans les grandes chaleurs : cela tient à quelques causes physiques que je vais tâcher d'exposer avec le plus de clarté qu'il me sera possible.

Les variations atmosphériques exercent sur les métaux une influence assez remarquable ; lorsqu'il fait chaud, les molécules dont ils sont composés se dilatent et forment par conséquent un corps plus volumineux ; le contraire a lieu lorsqu'il gèle, car ces molécules se condensent et le volume de la masse de métal diminue.

La dénomination de *pendules* donnée aux petites horloges que l'on place sur les cheminées ou que l'on applique contre les murs, dans les appartemens, paraît assez impropre puisque le balancier, pièce qui sert à régler le mouvement de ces sortes de machines, s'appelle un *pendule*, en termes de physique et de mécanique; cependant, pour nous conformer à l'usage, nous emploierons les termes usités parmi les horlogers.

Le *balancier* se compose ordinairement d'une verge de fer ou d'acier garnie à l'une de ses extrémités d'une petite *ancre*; un écusson de forme circulaire ou elliptique est fixé à l'autre extrémité. Ce balancier est attaché à la pendule, de manière que l'écusson se trouve en bas et l'*ancre* engrenne en haut avec une roue munie de trente dents, appelée *roue d'échappement.* Cette roue avance d'une dent lorsque le balancier fait deux oscillations; chaque oscillation forme une *seconde de temps*, en sorte que la roue d'échappement a marché pendant une minute quand toutes ses dents ont successivement rencontré l'*ancre*.

Parmi les causes qui peuvent faire accélérer ou retarder la marche de la *roue déchappement*, celle qui exerce le plus d'influence sur cette marche tient à la température; en effet, lorsqu'il gèle, la verge du balancier se raccourcit et l'écusson s'éloigne du centre de la terre : le balancier se trouvant alors plus dégagé des effets de l'attraction, acquiert plus de vivacité dans ses oscillations, les rouages marchent avec plus de rapidité, et la pendule avance; l'effet contraire a lieu dans les grandes chaleurs, car la verge du balancier se dilate et l'écusson se rapproche davantage du centre d'attraction. Les oscillations devenant moins vives, la roue d'échappement emploie plus de temps à faire ses révolutions successives, et la pendule retarde.

La montre est une petite horloge que l'on rend portative en donnant une autre forme au *balancier*.

Ce balancier est composé d'une tige garnie de deux palettes alternes et placées de manière qu'elles puissent engrenner tour-à-tour dans les dents d'une roue armée d'un nombre impair de dents appelée *roue de rencontre.* Cette roue est mise en mouvement par celle des minutes. Une roue non dentée est fixée à l'extrémité supérieure de la tige. Cette roue reçoit son mouvement de la roue de rencontre et elle oscille à l'aide d'une petite *lame spirale* qui est *capillaire* et dont l'une des extrémités est fixée aux platines tandis que l'autre l'est à la tige du balancier. Cette spirale en se roulant et se déployant alternativement, remplace le balancier de la pendule, de sorte que la roue de rencontre avance d'une dent chaque fois que le balancier achève deux vibrations.

La rapidité du mouvement dépend de la longueur du filet spiral et on l'augmente ou la diminue en accourcissant ou allongeant ce filet au moyen d'un arrêt disposé à cet effet.

Il résulte nécessairement de ce qui vient d'être dit, que la montre doit, comme la pendule, avancer dans les grands froids et retarder dans les grandes chaleurs, car la *spirale* qui est toujours composée d'une petite *lame d'acier*, se condense dans le premier cas, et se dilate dans le second.

On pourrait faire sur ce qui précède deux objections qui ne seraient pas sans quelque apparence de fondement : 1°. si la gelée fait raccourcir le balancier, elle coagule aussi les huiles, et augmente par cette raison la résistance dans les frottemens, en sorte que l'excès de vitesse acquis dans le premier cas se trouverait détruit par l'excès de résistance produit par la coagulation; 2°. si la chaleur produit la dilatation dans le balancier, cette dilatation ayant lieu en même temps dans les huiles, la vitesse perdue dans le premier cas est gagnée dans le second par la diminution dans les frottemens.

Mais avec une légère attention, on remarquera que lorsqu'il gèle, le grand ressort acquiert plus de roideur et tend à se dérouler avec plus de force que dans la chaleur qui le fait dilater, en sorte que les effets produits par la coagulation ou par la dilatation se trouvent compensés.

On sent qu'il serait possible qu'une pendule marquât toujours l'heure avec exactitude : pour cela il ne faudrait qu'entretenir constamment le même degré de température dans le lieu où cette pendule se trouverait placée, au moyen d'un poële ; mais on ne saurait obtenir la même exactitude pour la montre, car la chaleur produite par la poche, et les secousses occasionnées par la marche, sont autant de causes qui tendent à faire varier le mouvement.

Une grande pensée a occupé et occupe encore les plus grands horlogers : c'est de découvrir un instrument qu'on appellerait *compensateur*, et qui serait de nature à balancer les variations que les divers états de l'atmosphère font éprouver aux horloges. Je doute que l'on puisse jamais résoudre ce problême, car les matières que l'on emploierait pour la construction du compensateur, seraient toujours susceptibles de dilatation et de condensation.

Si l'on a cru pour un moment le problême résolu, c'est lorsque M. Bréguet, membre de l'Académie des sciences et du Bureau des longitudes, a présenté à la Classe des sciences physiques et mathématiques, un savant mémoire sur ce sujet ; mais il a été reconnu que cet habile horloger avait erré en s'appuyant sur des bases qui n'ont pu être admises.

Ainsi, on peut dire que depuis l'illustre Berthoud, si célèbre par ses montres marines, l'horlogerie n a fait aucun progrès essentiel, et que le génie des artistes de notre siècle s'est borné à des inventions plus curieuses qu'utiles puisqu'elles ne nous ont conduits à aucun résultat nouveau.

BEAUX-ARTS.

Monumens romains et gothiques de Vienne en France, ancienne capitale des Allobroges, ensuite Colonie Romaine; dessinés et publiés par E. REY, peintre, conservateur du Musée de Vienne.

SOUSCRIPTION.

Les Monumens sont les témoins de l'histoire. Garans constans et toujours sincères de sa véracité, souvent ils ont redressé les erreurs ou éclairci l'obscurité des historiens; souvent aussi ils ont rempli les lacunes faites par la main du temps.

Mais c'est sur les arts d'imitation que les monumens ont sur-tout la plus grande influence : où en seraient notre architecture, notre peinture et notre sculture, si le temps avait dévoré tous les débris des beaux siècles de l'art antique? nous imiterions peut-être encore nos vieilles cathédrales, sans avoir pu nous faire une idée des formes du Torse ni du style du Parthénon.

Il faut l'avouer, nous n'avons de vrais et solides principes que ceux que nous avons puisés chez les Anciens. Palladio, Michel-Ange, Raphaël, n'ont pu rallumer le flambeau des arts qu'en étudiant constamment les belles ruines qu'on voit encore dans les champs de l'Italie.

Mais la France aussi possède des monumens classiques. Les Romains, qui aimaient le séjour de la Gaule, en avaient fait une autre Italie. Partout dans leur province les villes s'embellirent d'utiles et somptueux édifices. Nîmes, Vienne, Orange, Autun, d'autres encore attestent la magnificence des maîtres du monde. Parmi ces villes, aucune n'offre plus d'intérêt aux chronologistes, aux antiquaires et aux artistes, que la cité viennoise.

Son origine, bien antérieure à celle de Lyon, qui ne fut que sa colonie, se perd dans la nuit des temps. Elle était déjà capitale des Allobroges lorsque les Romains débordèrent dans les Gaules. Ces conquérans ne négligèrent point une ville puissante qui les rendait maîtres du Rhône, et bientôt Vienne devint une de leurs colonies les plus importantes.

Malgré les ravages et les guerres sanglantes qui signalèrent la chûte du grand empire, malgré la barbarie et l'ignorance qui suivirent tant de désastres, Vienne conserve encore de beaux débris de son ancienne splendeur: un Temple, un Portique, un Théâtre, un Amphithéâtre, un Monument sépulcral, une multitude de fragmens d'Architecture, Frises, Chapiteaux, Bas reliefs, Statues, Mosaïques, Inscriptions, etc.

Nous avons pensé que la publication de ces divers modéles du goût des Anciens, auxquels on a réuni les productions du moyen âge et les monumens gothiques, intéresserait également les antiquaires, les artistes et les voyageurs. Les dessinateurs et les décorateurs y trouveront aussi une foule de motifs variés dans tous les genres.

Ce recueil, destiné principalement aux écoles et aux bibliothèques publiques, est composé d'une collection considérable de dessins, dont une partie coloriés. Tous sont rendus avec une scrupuleuse fidélité par les procédés litographiques, et accompagnés d'un texte historique et descriptif pour l'intelligence des estampes.

L'ouvrage complet, qui est composé de soixante-douze estampes, est divisé en trois parties : la première contient les statues bas-reliefs, détails d'architecture, mosaïques, inscriptions, et autres objets qui composent la collection du Musée ; la deuxième, les vues, perspectives, le plan, la coupe et l'élévation des monumens romains qui subsistent encore, ainsi que le plan de la ville ancienne et celui de la ville moderne ; la troisième enfin, les vues perspectives, le plan, la coupe des édifices gothiques. Chacune de ces trois parties contiendra six livraisons de quatre estampes, ou vingt-quatre dessins. Ces livraisons paraîtront tous les deux mois, à dater du 1er janvier 1821.

Le prix de la souscription pour chaque livraison, texte et planches, sur demi-colombier; est de . . . . . 12 fr.
et sur demi-grand-aigle, premières épreuves (1). 18 fr.

La souscription sera fermée le 1er mars, et les noms et qualités des souscripteurs inscrits par ordre de date à la fin de l'ouvrage (2).

Les non souscripteurs ajouteront 3 fr. par livraison.

On souscrit à Paris, au bureau du Mémorial français, rue Saint-Antoine, n. 69.

A Rouen, chez Renaud, libraire, rue Ganterie.

A Amiens, chez Caron Vitet, libraire, rue Saint-Martin.

---

(1) La partie typographique est confiée à M. Firmin Didot, et l'impression lithographique à M. François Villain.

(2) MM. les Souscripteurs sont invités à donner leurs noms et qualités en caractères bien lisibles afin d'éviter toute erreur.

Paris, le 26 janvier 1821.

A MM. les Rédacteurs du Mémorial Français.

Messieurs,

L'impartialité que vous avez montrée dans le premier numero de votre excellent journal, la liberté que vous paraissez déterminés à accorder aux diverses classes de la société en ce qui peut concerner les arts utiles, les sciences et toutes les parties de la construction, me font espérer que vous voudrez bien me permettre de vous adresser quelques vues nouvelles sur la manière de construire avec économie et solidité les édifices publics et les maisons particulières.

MM. les propriétaires et entrepreneurs de bâtimens, sur tout, pourront trouver, dans les notes que je vous ferai parvenir, des documens essentiels, des critiques intéressantes et des moyens faciles et peu onéreux pour réussir dans leurs entreprises et opérations diverses.

Les écoles instituées depuis plus de cent ans, pour perfectionner l'architecture, n'ayant point entièrement rempli leur but, parce que la véritable science a toujours manqué aux élèves et aux maîtres; on a souvent été obligé d'admettre au nombre des architectes quantité d'individus qui ne possèdent que l'art du dessin.

Vous sentirez facilement, Messieurs, qu'il ne suffit pas d'avoir été à Rome copier servilement des monumens, pour être en état de construire avec solidité et économie; il faut encore avoir acquis des connaissances dans les sciences exactes, et les avoir ensuite appliquées à la construction.

MM. les entrepreneurs de bâtimens se sont constamment attachés à bâtir solidement; leurs constructions souvent très-élégantes se distinguent par des distributions avantageuses. Moins portés pour les arts futiles du dessin, plus jaloux d'assurer la durée de leurs bâtimens, ils mettent toute leur intelligence et toute leur expérience à bien exécuter les travaux qui leur sont confiés.

Je ne prétends pas dire, cependant, que tous les architectes sont dépourvus de talent; au contraire, je serai toujours disposé à rendre justice à ceux de ces artistes qui font preuve de mérite dans leur profession, et j'ajouterai même qu'il en est quelques-uns qui, réunissant la pratique à la théorie, ont dirigé des constructions qui leur font le plus grand honneur. Au nombre de ces derniers peuvent être classés MM. les *architectes vérificateurs*.

J'ai l'honneur, etc.

LEBRUN,

Architecte, ancien élève à l'Ecole Polytechnique.

VARIANTES.

Les travaux de la *salle d'opéra provisoire* avancent avec rapidité. La façade qui est presqu'entièrement terminée peut déjà donner une idée du mauvais goût et de la faiblesse du talent de l'architecte.

Le bas de cette façade, qui se compose de plusieurs arcades bâties en petits moëilons, est terminée à ses extrémités par deux pavillons en saillie, dont la hauteur est égale à celle de ces arcades. Le reste de la façade jusqu'au faîtage est construit en pans de bois flanqués de colonnes d'une construction aussi bisarre que ridicule.

Qu'on se figure des poutres placées verticalement et environnées de cerceaux auxquels on a fixé des lattes enduites de plâtre ; et l'on aura une idée de ce *nouveau chef-d'œuvre* de l'architecture.

Une lourde corniche posée sur les chapitaux des colonnes et sur laquelle sont rangées plusieurs statues en terre cuite, couronne la *devanture* de ce nouveau temple de Terpsicore.

Plusieurs personnes pensent que l'économie seule a pu faire adopter les plans de ce nouvel édifice qui d'ailleurs n'est que *provisoire*. Singulière manière de raisonner que de croire qu'il y a de l'économie à faire de pareilles constructions! Tout le monde sait généralement, que des monumens en pans de bois coûtent beaucoup plus cher que des édifices en pierres. Si l'on a voulu économiser, ce n'a pu être que sur le temps et non sur la dépense.

Les constructions en pans de bois présentent un grand inconvénient, sur-tout lorsqu'elles ont une étendue considérable : la charpente et les *lattes* ne tardent pas à se déjeter à la moindre variation de la température, les plâtres se détachent et tombent sur la tête des passans. La forme de l'édifice éprouve des altérations auxquelles il n'est plus possible de remédier, et qui produisent un effet désagréable à l'œil.

Voilà ce qu'occasionnent et ce qu'occasionneront toujours les fausses idées et les principes erronés d'architectes peu instruits et qui pensent que le dessin seul suffit pour mettre en état de composer des monumens durables.

— Le 7 janvier dernier, au soir, une noce, à

laquelle assistaient soixante personnes, se célébrait au second étage d'une maison, à Ajaccio, en Corse : tout-à-coup, la principale poutre, qui en soutenait le plancher, s'est partagée sous le poids, et les deux bouts séparés ont frappé avec tant de violence sur l'étage inférieur, qu'ils l'ont entièrement enfoncé, de manière qu'en un clin-d'œil, la compagnie qui se livrait à la joie a été précipitée au rez-de-chaussée parmi les décombres, et avec une grande quantité de meubles. Cinq des convives sont morts sur la place : de ce nombre étaient deux fréres, une dame et un enfant. Tous les autres sont blessés plus ou moins grièvement.

— Un autre événement malheureux vient aussi de jeter dans la consternation les habitans de la commune de Sainte-Livrade.

Le 12 du mois dernier, vers cinq heures du soir, une femme, à qui la mairie de Sainte-Livrade avait accordé un asile dans une vieille tour, dite *Del Gal*, élevée d'environ 64 pieds, s'aperçut qu'elle allait s'écrouler, et saisie d'effroi, en sortit pour appeler du secours. A ses cris, accoururent les sieurs Jean Laporte, maçon ; Teysset, ancien grenadier de la garde et chevalier de la Légion d'Honneur; Guillaume Pejean, menuisier, et Delard, tourneur. En entrant le premier dans la tour, le sieur Laporte s'aperçut de l'imminence du danger, et s'enfuit en s'écriant : *Sauvons-nous, mes amis, ou nous sommes perdus.* Déjà, en effet, du ciment et des tuiles se détachaient de la voûte et tombaient en abondance; mais les trois autres citoyens, bravant le danger et cherchant à sauver les meubles de la pauvre femme, pénétrèrent dans l'intérieur de la tour, qui tout aussitôt, s'abattit sur eux avec fracas.

Deux de ces malheureux ont été dangereusement

blessés ; mais le brave et infortuné Pejean a péri écrasé sous les décombres.

— On lit dans le journal de Marseille, du 17 janvier dernier, l'article suivant :

Une chaise de poste passait, il y a quelques jours, à Pont-Armé, petit bourg à une lieue et demie de Senlis. Des cris affreux partaient de la voiture. ils attirent l'attention des habitans, qui se précipitent sur les chevaux et arrêtent la chaise. Une jeune femme dans tout l'éclat de la beauté, dans tout le désordre du désespoir, s'élance à la portière ; un torrent de larmes inondent son charmant visage ; elle implore grâce et protection de tous ceux qui l'admirent. Un jeune homme à côté d'elle s'efforce, mais en vain, de calmer ses violens transports. Les habitans ne sachant quel parti prendre, ramènent les voyageurs à Senlis et les mettent entre les mains de M. le sous-préfet. On apprend que la jolie personne est une demoiselle de Bruxelles, jouissant de 40,000 fr. de rentes, sans père ni mère, et qui, de son consentement, a été enlevée de chez son grand père par le jeune homme qui l'accompagnait, et à qui elle avait été refusée en mariage. A mesure que cette demoiselle s'éloignait des lieux qui l'ont vu naître, les remords s'emparaient de son âme. Elle a vu toute l'énormité de sa faute, et le plus profond repentir a fait place à un sentiment dont elle a reconnu l'erreur. Cependant son imagination s'exalte, sa tête se perd ; une fièvre violente la saisie, et elle tombe dans un état complet d'aliénation mentale. On est obligé de la transporter à l'hospice de la charité de cette ville où il a fallu recourir à ces dégradantes, mais nécessaires précautions que l'art et l'humanité commandent, pour l'empêcher d'attenter à sa vie.

La religion est venue au secours de cette infortunée; elle passe des heures entières en prières, mais sa raison est toujours égarée. Un exprès a été envoyé à ses parens qui sont accourus sur le-champ : elle ne les a pas reconnus. Les soins les plus empressés, les remèdes les plus efficaces sont prodigués à cette intéressante victime d'un moment d'oubli, dont la situation mentale est toujours la même. Puisse ce terrible exemple arrêter sur le bord de l'abîme toutes celles qui sont prêtes à se soustraire à l'empire de la religion, de la vertu et de l'honneur.

— Il s'est formé à Munich une société qui fera lithographier, sur les meilleurs manuscrits, les ouvrages les plus estimés qui existent en turc, en arabe, en persan et en langue tartare, pour les répandre dans tout l'Orient, par la voie de Trieste. Ce qui s'est opposé à l'introduction de l'imprimerie chez les orientaux, ce sont d'abord les cabales des copistes de profession, mais bien plus encore l'impossibilté où l'on est de rendre, au moyen de caractères fondus, les divers ornemens que les turcs et les arabes sont habitués à voir accompagner chacun des caractères écrits. La lithographie offre de grandes ressources, à cet égard, et l'on va s'appliquer à imiter parfaitement tant la calligraphie que la reliûre des manuscrits. Il y a tout lieu de croire que le prix modique auquel on pourra fournir les exemplaires lithographiés leur procurera un grand débit.

— L'académie des sciences, arts et belles lettres de Dijon, met au concours, pour 1821, la question de physique suivante : « Jusqu'à quel point peut-on, dans » l'état actuel de la physique, expliquer les phénomènes » météorologiques aqueux ? » Le prix est une médaille d'or de 300 francs ; les mémoires doivent être adressés avant le 1er. mars prochain.

— L'académie des sciences, agriculture, commerce,

belles-lettres et arts d'Amiens, propose 1°. pour sujet du prix de discours en prose qui doit être donné en 1821, la question suivante : « Exposer l'état de l'agriculture » dans le département de la Somme, avant la révolution.» 2°. Pour sujet du prix de poésie, *l'amour de la patrie*, en ne le restreignant pas, comme l'a fait Gresset, au lieu de la naissance. Chaque prix sera une médaille d'or. Les mémoires et les pièces de vers seront adressés, avant le 13 juillet 1821, à M. Limonas, secrétaire perpétuel.

— Dans sa dernière séance, l'institut des Pays-Bas a proposé les questions suivantes : 1°. Quelle influence la littérature étrangère, principalement l'italienne, l'espagnole, la française et l'allemande, a-t-elle eue sur la langue et la littérature nationales, depuis le commencement du quinzième siècle jusqu'aujourd'hui : 2°. De rechercher et déterminer dans un mémoire, sur la pacification de Gand de 1756, les motifs qui ont donné lieu à conclure ce traité, ainsi que ceux qui ont occasionné sa prompte rupture, avec l'indication des avantages et des désavantages qu'il a offerts.

Les mémoires doivent arriver au secrétaire perpétuel de la seconde classe de l'institut, avant la fin de 1821. Ils peuvent être rédigés en hollandais, latin, français, anglais ou allemand, mais ils doivent être écrits par une main étrangère. Le prix est de 300 florins d'or des Pays-Bas, ou 882 francs.

MÉMORIAL.

Madame Delafontaine, veuve d'un des meilleurs fabricans de bronzes vient de faire paraître un modèle de pendule dont le sujet représente Ajax, au moment où jeté par la tempête sur un rocher au milieu des mers, il jure qu'il échapera au danger que Neptune lui fait courir.

Cette pendule, haute de deux pieds environ, se compose d'un socle portant un rocher battu par les flots, au milieu duquel se trouve le cadran décoré de coquillages, et ce même Ajax embrassant dans son enjambement le rocher et le cadran.

Dans le socle on voit Cassandre, fille de Priam, se refugiant dans le temple de Minerve, et poursuivie par Ajax, qui l'entraîne dehors à cause des malheurs qu'elle lui avait prédits.

Rien n'est plus hardi que la pose de la figure d'Ajax, imitée d'après la statue de M. Dupaty, exposée au dernier salon de l'industrie française; et il ne fallait pas moins un talent consommé dans l'art du bronzier, pour approprier cette figure à une pendule et en faire un sujet digne d'être livré au commerce. C'est à quoi feu M. Delafontaine avait pensé ; mais cette conception, restée imparfaite, vient d'être achevée par madame sa veuve, et nous félicitons MM. les fabricans de bronzes de posséder dans leur sein une dame si bien versée dans toutes les connaissances relatives à la pendule, et qui est destinée à soutenir la réputation de feu M. son mari.

L'adresse de cette dame est rue des Arcis, n°. 17, à Paris.

— On propose de *vendre* un établissement à usage de FILATURE, situé à Rouen, boulevard Saint-Hilaire, n°. 41, près le Boulingrin, au-dessus de la rue des Capucins; composé d'une maison d'habitation bien distribuée, à la suite de laquelle sont des bâtimens de nouvelle construction, à deux étages et rez-de-chaussée, ayant chacun 72 pieds de long sur 20 pieds de large, et à usage d'atelier de filature; hangard, manège, écurie et magasin. Plus un jardin attenant auxdites maisons, planté d'arbres fruitiers, entouré de murs garnis d'espaliers.

S'adresser à M. PIEGARD, Grande Rue, n°. 59 à Rouen.

—On propose de *louer* une belle MAISON de campagne très-agréablement située à Quiévreville-la-Millon, proche l'église et la grande route, au-dessus de Darnetal, avant d'arriver à Forgettes, près Saint-Jacques. Elle consiste en une très-belle cave, deux salles, une cuisine, un bûcher et une écurie pour mettre trois chevaux; au premier étage, deux chambres à feu; au second, trois chambres. Il y a devant ladite maison un beau jardin en plein rapport, garni d'arbres fruitiers, et à côté dudit jardin est un beau verger rempli d'arbres à fruits à couteau.

S'adresser, pour la voir, chez M. GAILLARD, fermier à côté de ladite maison, et pour en traiter, à M. CAMUS, rue des Belles-Femmes, n°. 18, à Rouen.

— On propose de vendre une MAISON sise à *Amiens*,

rue Cour-Sire-Firmin-Leroux, n°. 25 : elle est composée, au rez-de-chaussée, d'une cuisine, une autre petite cuisine à côté, salle à manger, et d'un salon ayant vue sur la rue des Grignons. Au premier étage, de quatre chambres, dont deux à cheminées, greniers au-dessus, cour et cave, etc.

On donnera des facilités pour le paiement.

S'adresser à M. Dequen, notaire, à Amiens.

— On propose de vendre une MAISON de campagne, entre le faubourg de Noyon et la Neuville (au lieu dit le Plein Sceau), à Amiens, anciennement occupée par le poëte Gressel.

S'adresser au propriétaire dans ladite maison.

— On propose de vendre une grande et belle MAISON, rue de Narine, n°. 3, à *Amiens* : Elle est propre au commerce et à tous les genres d'établissement, ayant de vastes caves, magasins et greniers.

S'adresser, pour voir cette maison, au sieur Flaman, portier de M. le receveur général, et pour les conditions, à Me. Brajeux, notaire, Grande-Rue-de-Beauvais, et à M. Alex. Beauconsin, propriétaire.

— On propose de vendre pour Pâques prochain, une MAISON, sise à Rouen, rue et faubourg Saint-Sever, n°. 120, en face la rue Pavée, consistant, au rez-de-chaussée, en une grande boutique, à la suite est une salle garnie d'armoires et de buffets ; au premier étage, deux chambres à feu, de plein pied, lambrissées, garnies d'armoires, alcove et glaces : sur la façade est un balcon ; au deuxième, même répétition et distribution d'appartemens ; au troisième, deux chambres à feu et un cabinet; au quatrième, un grenier, deux cabinets ou chambres de domestiques. Un escalier très-commode à rampe de fer, deux caves voûtées, une petite cour, une pompe en plomb, latrines et un petit bâtiment à usage de cuisine. Cette maison, commodément distribuée, peut servir à divers genres de commerce.

S'adresser, pour la voir, sur les lieux, et pour en traiter, à M. BAYARD, gantier, rue Grand-Pont, n°. 51, nouveau.

— On propose de vendre une belle MAISON, bâtie depuis peu d'années, située à Rouen, rue du cercle, ayant entrée avec porte cochère, disposée sur la rue de Crosne. Ladite maison est construite en pierres de taille et couverte en ardoises, avec de très-belles caves, magasins par bas, bureaux à l'entresol. Les étages supérieurs sont distribués et décorés dans le goût le plus moderne.

S'adresser à Me. VARENGUE, notaire à Rouen, rue de l'Hôpital, n°. 30, dépositaire des titres.

MEMORIAL
FRANÇAIS
DES BATIMENS, DES ARTS, DES SCIENCES ET DE LA LITTÉRATURE.

Considérations générales sur les Constructions publiques et particulières par M. JEANNIN.

(SECOND ARTICLE.)

Un ancien élève de l'école Polythecnique (M. Lebrun) qui a publié plusieurs ouvrages sur l'Architecture dont un renferme, sous le titre de *formation géométrique des quatre ordres de l'Architecture grecque*, des principes certains sur la manière de construire les Edifices, m'a adressé, avec prière de l'insérer dans le Mémorial français, l'opinion ci-après sur la nécessité de substituer aux écoles dites d'Architecture une école publique de Bâtimens. Je pense que les lecteurs me sauront gré de la leur faire connaître en entier.

« Je regarde, dit M. Lebrun, l'institution de l'aca-
» démie d'Architecture comme méritante sous le rap-
» port de l'intention ; mais il est vrai de dire que
» l'intention qui a pour but le bien et qui n'en a pas

» les moyens, loin de mériter la gratitude du public, » mérite au contraire son improbation. Car ne pas » faire le bien et prétendre le faire, c'est tromper tout » le monde. L'Académie d'Architecture instituée pour » l'avancement de cette science n'a point rempli » son objet, et je vais prouver qu'elle ne fut jamais » qu'une institution frivole et onéreuse.

» Cette Académie n'est fondée que sur un ensei- » gnement fictif, dans lequel les architectes font en- » trer l'histoire des monumens anciens, d'où ils tirent » ce qu'ils appelent la doctrine des ordres. Mais ces » ordres sans statique et sans formes voulues ne sont » que des œuvres d'imagination, et il semble qu'ils ne » les ont composés et recomposés tant de fois que » pour se sauver du reproche de n'être pas en posses- » sion des élémens de leur propre chose. C'est précisé- » ment en cela qu'ils ont ouvert à l'erreur un champ » vaste; car ils n'ont pas vu que l'architecture se fonde » sur des élémens voulus d'où les ordres s'engendrent; » et dont l'ensemble offre un corps complet de scien- » ce, entièrement ignoré des architectes actuels.

» Cette science est donc ignorée dans les écoles; et » cependant personne ne pourrait le croire : car on y » parle comme si tout y était su et connu. La *solidité*, » la *stabilité*, les *belles formes*, les *belles proportions*, » sont les expressions communes aux maîtres et aux » élèves; et même sur tout cela, les uns et les autres » sont capables de donner des explications supporta- » bles, tirant, il est vrai, sur le sophisme: car le so- » phisme est toujours là pour défendre l'amour-propre, » l'intérêt, et même la passion de ceux qui se trompent » dans leurs jugemens.

» L'esprit de routine s'est emparé de toutes les issues » de ces écoles; et ce serait en vain que la science s'y » présenterait : elle en serait repoussée. Ainsi les élèves » y sont condamnés à ne jamais savoir que le mérite

» réel d'un architecte consiste dans la science qui fait » tenir les édifices par leur propre système, sans excès » ni défaut de matières ; sans aucun moyen qui leur » soit étranger : voilà le véritable talent. Toutefois, » je ferai remarquer que ce talent ne peut briller en » grand, que dans les édifices construits entièrement » en pierres, où tout est soumis (les forces et les pro- » portions) aux lois de la pésanteur ; tandis que dans » les édifices en moëlons, bois et plâtre, le calcul des » forces n'ayant plus lieu, il ne peut plus s'exercer que » sur les façades. Il existe donc deux manières de bâtir » qui appartiennent également aux monumens publics : » l'une se propose la pierre et le bois, l'autre la pierre » pure, abstraction faite des maisons bourgeoises qui » sont de la seconde espèce. C'est cette distinction » qu'il fallait faire dans les Académies, et sur-tout re- » connaître que tout devait y être le résultat d'un prin- » cipe fixe de stabilité, pour que le contenu ne puisse » pas détruire le contenant. C'était là la première ins- » truction qu'il fallait donner aux élèves pour justifier » l'institution académique. Mais nos modernes Acadé- » miciens n'ont point attaché tant d'importance aux » questions de l'architecture et n'ont vu que des épe- » rons, des barres de fer, des cerceaux et d'autres » ressources d'art, en général, pour faire tenir leurs » édifices. Ils n'ont rien compris dans les raisons de » la pierre ; et le grand talent de faire des édifices » parfaits et non dispendieux leur est encore inconnu. » Les écoles d'architecture furent cependant instituées » pour l'acquérir ; mais on n'a voulu y donner que les » *apparences* d'une instruction solide, afin que les » élèves ne puissent voir que les plans qu'on y encou- » rage ne sont que des commencemens de plans, ou » plutôt des embryons de plans que les Architectes » osent pourtant considérer comme des idées achevées, » des chefs-d'œuvre de goût et de simplicité.

» Les cours, les concours, les écoles, l'Académie
» tout entière, sont donc convaincus d'erreur, puis-
» que rien de positif n'y est enseigné; ni la statique
» qui justifie la stabilité, ni les règles par lesquelles
» tout arrive à sa place; et je suis entraîné à dire que
» l'enseignement de ces écoles ne renferme rien, ab-
» solument rien qui ait rapport à la science qui traite
» de l'architecture et que cet enseignement est maté-
» riellement faux.

» Personne n'est dupe sans doute du maintien d'un
» pareil enseignement, et si cet ordre de choses n'est
» point encore tombé, ce n'est pas faute d'avoir fait
» connaître qu'il est de la justice et de la dignité de
» la Nation, de porter la lumière dans ces écoles;
» mais c'est faute de la création d'une institution na-
» tionale établie à l'instar des écoles académiques que
» les *entrepreneurs de bâtimens* devront prendre sous
» leur protection, parce que leurs connaissances pra-
» tique en construction leur donnent, à la considéra-
» tion publique, des titres bien aussi importans que
» ceux acquis des architectes par leurs connaissances
» en dessin.

« Une école qui aurait pour but d'enseigner, d'a-
» près des principes fondés sur les mathématiques, la
» science des plans et des devis, et qui serait dirigée
» par une assemblée d'entrepreneurs et de vérifica-
» teurs, serait sans contredit la première école d'ar-
» chitecture formée en Europe, de laquelle devraient
» sortir de véritables architectes, capables de com-
» poser des édifices durables, sans l'emploi de moyens
» artificiels et qui doublent souvent le prix des cons-
» tructions.

» Cette nouvelle école aurait des cours particuliers
» pour toutes les parties de la bâtisse; elle aurait deux
» professeurs, dont les attributions du premier seraient
» d'enseigner l'architecture et la composition des édi-

» fices ; l'autre, le toisé et les prix des ouvrages du
» bâtiment. C'est donc dans l'intérêt de la science qu'il
» s'agit maintenant de travailler ; et c'est pour sou-
» tenir la cause importante de la véritable architecture,
» que j'ose appeler, pour la formation de cette insti-
» tution, la classe nombreuse des entrepreneurs, des
» vérificateurs, des mécaniciens et de toutes les classes
» en général, habiles à exécuter et à estimer les cons-
» tructions de tous genres.

» Dans cette école, le tracé de l'architecture sera
» admis sans lavis et sans ornemens ; et cette science
» y sera enseignée à la manière mutuelle, pour sa par-
» tie scientifique et pour la formation des ordres.
» Elle sera ouverte et soutenue aux frais de toutes
» les classes du bâtiment, au moyen d'une souscrip-
» tion volontaire et annuelle, réglée par une société
» à l'établissement de laquelle coopéreront sans doute
» encore les personnes qui remarqueront l'immensité
» des services qu'elle doit rendre aux nations qui sont
» dans la nécessité d'employer des architectes pour la
» construction des édifices. »

Je crois cependant devoir ajouter quelques réflexions à ce que M. Lebrun vient de dire relativement à la création d'une école dite de *Bâtimens*. Sans doute, une telle institution ne pourrait manquer d'offrir des avantages immenses pour les constructions en général ; mais pour l'approprier aux monumens publics, il ne suffirait pas d'y enseigner seulement la partie des mathématiques indispensable pour bien construire, il faudrait encore y donner des notions sur les différens caractères qui doivent faire distinguer les monumens entre eux.

Le caractère monumental d'une salle de spectacle, par exemple, ne doit pas être le même pour une église ; un arc de triomphe destiné à transmettre à la postérité la plus reculée des faits militaires, doit avoir un genre particulier qui ne peut convenir à un temple dédié à l'hymen.

L'Architecture doit donc se composer de deux parties bien distinctes : l'une ayant pour objet la science et l'autre les beaux-arts. La première est indispensable, car la durée du monument en dépend entièrement ; la décoration, bien qu'elle ne soit qu'une qualité accessoire, n'est pas moins nécessaire, parce qu'elle doit marquer, aux différens âges du monde, les progrès de la civilisation, la munificence des souverains et les principales époques historiques. Si, dans quelques écrits, j'ai attaqué les monumens publics et les constructions particulières, je l'ai fait moins pour critiquer l'*art* que pour défendre la *science*. J'avais lu dans certain journal intitulé *Annales des Bâtimens* (actuellement *Annales Françaises*), des articles virulens contre des ingénieurs du premier mérite, que l'on accusait de vouloir envahir le domaine de l'Architecture ; on supposait dans ces articles, la plupart très-injurieux pour les hommes auxquels ils s'adressaient, que les ingénieurs étaient incapables de rien construire de bien, pas même les *ponts* et les *routes ;* d'insolentes déclamations, des plaisanteries du plus mauvais goût étaient prodiguées aux élèves de cette Ecole Polytechnique, qui a produit tant d'hommes illustres pour le Génie civil et militaire et pour les académies ; le desir de répondre aux auteurs de ces écrits, a donc dû me déterminer à embrasser la défense des ingénieurs et à faire voir que l'on ne peut être en état de construire solidement lorsqu'on ignore les élémens des sciences exactes, ou au moins, lorsque les connaissances scientifiques ne sont pas remplacées par une longue expérience dans la pratique de la construction.

(La suite à un prochain cahier.)

ARCHITECTURE.

La véritable architecture doit être basée sur les sciences physico-mathématiques.

Dans tous les temps, on a vu les différentes professions, celles mêmes entre lesquelles il n'existe aucun élément de rivalité, se considérer exclusivement comme les plus importantes, et les plus élevées dans l'opinion. Cette prévention est la source de cet esprit de corps qui jette également ceux qui en font partie dans un dédale d'erreurs, dont les siècles les plus éclairés n'ont point encore pu prévenir les funestes effets. On sent qu'elle ne peut résulter que de la conviction abusive où l'on est d'avoir atteint le but absolu de l'art que l'on professe; et c'est-là précisément où s'arrêtent les efforts de l'esprit humain.

Dès-lors plus d'émulation; par conséquent plus d'études, plus de méditations, plus de recherches. De là, l'homme s'enfonce dans les sentiers obscurs de la routine, et l'art va se perdre, à pas rétrogrades, dans un chaos inextricable, à travers les écarts des méthodes vicieuses.

Ces remarques importantes deviennent plus sensibles à l'égard de l'architecture. Aucun art, jusqu'ici, n'a présenté plus d'utilité réelle, après l'agriculture; aucun n'a été l'objet d'une admiration plus méritée;

mais aussi aucun n'a eu plus de détracteurs, parce que aucun n'a montré plus de prétentions.

La cause d'un tel contraste est plus facile à assigner qu'à détruire ; c'est que partout où l'homme ne fait point abstraction du *moi*, partout aussi l'on voit qu'il n'a pas su ou n'a pas eu le courage, et la loyauté de distinguer l'homme de la science, dans le jugement qu'il a porté.

Sans doute, on contesterait sans succès que l'architecture n'ait été justement honorée des anciens, admirée, cultivée avec soin par le moyen âge, recherchée par les voyageurs les plus instruits de toutes les nations de la terre. On ne saurait se dissimuler, qu'elle n'ait été classée au premier rang chez les Chinois, les Egyptiens, les Grecs et les Romains ; et certes, l'assentiment de tels peuples est une autorité, tout au moins aussi respectable que les déclamations par lesquelles quelques hommes, d'ailleurs distingués, par leur état et leurs connaissances, ont essayé de répandre la défaveur sur un art véritablement historique ; sur un art dont les créations monumentales sont encore de nos jours, la cause et les témoins des hommages des peuples ; parce qu'ils attestent les plus glorieux souvenirs, et qu'ils nous transmettent tant de faits, tant de noms devenus immortels, par la liberté et l'illustration dont ils dottèrent leur patrie.

Mais aussi, n'est-il peut-être aucun art dont les praticiens soient plus généralement imbus de cette prévention que nous avons signalée au paragraphe premier ; et c'est peut-être aussi la raison pour laquelle la critique n'a usé d'aucun ménagement dans ses attaques, envers tout un corps, d'ailleurs recommandable à de si justes titres. Il est vrai que plusieurs, marchant privés du secours de la science, ont, dans l'exécution, confondu l'art avec la bâtisse vulgaire, et l'ont circonscrit dans les bornes étroites du métier. La plupart d'entre eux a perdu de vue que le plus louable emploi d'un art quelconque, est de l'assortir à la fois aux besoins, aux facultés, à la sécurité et à l'agrément. Plusieurs, au mépris de l'acception qu'ils lui donnent eux-mêmes, ont méconnu, dans l'application, que l'architecture consiste à ériger des monumens destinés à transmettre à la postérité le caractère et le génie des peuples ; à indiquer la marche, la gradation et l'apogée de leur puissance et de leur gloire ; à marquer même leur décadence.

Je sais qu'on a jugé trop défavorablement le corps en général des architectes ; plus d'une fois j'ai lu des articles dont la sévérité portait l'empreinte des personnalités ; j'ai vu avec regret l'oubli de la modération, obscurcir l'analyse dans la démonstration des *erreurs* ; mais c'est avec un plus grand regret encore que j'ai acquis la conviction que d'innombrables *erreurs*, de la part des architectes, en motivant l'improbation, avaient entraîné les critiques ; c'est un double malheur d'avoir à penser que tant de constructions modernes aient justifié cet entraînement de zèle.

Quoiqu'il en soit, l'architecture sera toujours l'objet de l'admiration des peuples, et de la prédilection des véritables savans ; elle fera l'orgueil des fastes des nations civilisées ; elle restera la source inépuisable de descriptions pompeuses des temples, des autels, des sanctuaires augustes, où l'homme de tous les temps s'incline devant la majesté suprême, cherche les consolations de la divinité, implore sa toute puissance, et veut pressentir ses décrets sur l'avenir...... L'architecture fut, en quelque sorte, associée, ou plutôt fit partie des religions révérées. Les pontifes présidaient eux-mêmes à la composition des plans de leurs temples, ils en déterminaient les dimensions, et en surveillaient spécialement l'exécution. Chez les Grecs, sur-tout, on vit Apollon, Neptune, Pallas protéger, encourager et récompenser avec munificence les artistes chargés de l'érection des monumens qui devaient familiariser les races futures avec les noms, les vertus et la gloire des héros des temps les plus reculés.

L'histoire de tous les âges nous montre sur l'architecture, les témoignages des contemporains et de leurs successeurs, en harmonie, pour nous rendre la forme et l'imposante majesté des basiliques, et jusqu'à l'ordre observé dans la disposition des gradins de l'aréopage, où allaient siéger les juges des nations.

On a dit quelque part que l'architecture *vient se placer à côté des beautés de la nature*; on eut pu dire encore plus judicieusement que la nature fournit *elle-même tous les modèles*. C'est pour cette raison que l'architecture, qui lui doit tous les siens, a prêté souvent les motifs des plus heureux épisodes, aux plus anciens, aux plus illustres des poëtes. Homère, Ovide se sont honorés de chanter, en vers pompeux, les somptueux monumens d'Ilion et d'Itaque, et la magnificence des palais et des jardins d'Alcinoüs.

L'existence de Tyr, Babylone, Memphis, Jérusalem, Thèbes, Alexandrie, Palmyre, Athènes, suffiraient pour forcer l'hommage et la gratitude des générations qui se pressent sous l'empire de leur vénérable antiquité, si tant d'autres cités florissantes, des âges successifs, si toutes les merveilles dont nous mêmes sommes les spectateurs, n'attestaient l'importance, l'heureux emploi, le noble motif, et le but national d'un art qui a tant fait pour les hommes; du moins n'en est-il aucun dont les créations soient d'une apparence aussi immense, aussi imposante, aussi hardie, aussi historique.

Tant de génie, tant de chefs-d'œuvre, tant de magnificence ont du faire de grandes réputations. Cependant, à peine quelques noms d'architectes fameux de l'antiquité sont-ils parvenus jusqu'à nous! Ictinus, Callicrates, Mnesiclès, Cyrrhestes sont du petit nombre de ceux que les annales nous aient conservés ; Phidias lui-même dut à son talent pour la sculpture, plus qu'à l'architecture, qu'il professait, d'avoir traversé les siècles qui nous séparent de son temps. Aussi tant d'immortels ouvrages ne nous sont-ils transmis que sous le nom *de siècle* des rois, ou des archontes, pendant le règne desquels ils furent construits.

Cette circonstance peut n'être pas étrangère à l'absence d'émulation, chez la plupart des hommes qui se vouent à l'architecture. Quand la perspective de gloire échappe dans le lointain à nos conceptions, on devient avare d'efforts, on ne vise qu'aux jouissances actuelles, prochaines ou faciles; aussi n'est-il pas étonnant qu'on ne découvre que dans un très-petit nombre d'architectes les caractères de cette ambition avouée, de cet élan des âmes fortes qui les dirige vers le domaine de la célébrité. Maîtrisés par la conscience d'une existence circonscrite dans le cercle de la vie, ils se bornent aux seules vues de fortune, dont les moyens leur semblent plus certains, parce qu'ils sont plus rapprochés; ainsi, faisant de leur art un métier, et de leur métier des affaires, ils négligent les élémens qui, cependant, peuvent seuls assurer et réunir, à un égal degré, l'un et l'autre avantage.

Mais il faut encore plus attribuer aux principes et au mode d'enseignement reçus, la stérilité des temps actuels en hommes d'un véritable génie, dans cette carrière essentielle des arts libéraux. En effet, on n'a pas encore suffisamment senti, parmi les modernes, que tout homme qui se consacre à l'architecture est destiné par son art, et peut-être appelé à l'exécution de tous les genres; qu'il doit être également habile aux constructions civiles, militaires, monumentales et hydrauliques; qu'il doit être également économe de temps, de forces, de matières, de surfaces et de dépenses ; qu'il doit anticiper sur l'avenir, en soumettant à des calculs positifs, les opérations sur lesquelles doit se prolonger la durée des constructions; qu'il doit en bien saisir le motif, en bien concevoir le but. Tout cela, il est vrai, exige des études approfondies, une application longuement, sagement méditée.

Mais point du tout, on s'en tient à la définition pure, simple et aride de l'académie : *l'art de bâtir....* et l'on croit avec de légères connaissances du *tracé*, avec le prolongement de quelques lignes, la figure de quelques courbes et l'étalage de l'enluminure; on croit, dis je, avoir acquis, mérité le titre d'architecte! Ici, j'en atteste les maîtres de l'art! n'est-ce pas là l'illusion qui séduit tous les jeunes *amours propres*, qui égare toutes les têtes, qui enfante toutes les imperfections ?

Il est évident que tout art a ses bases dans les élémens d'une science quelconque. Il est reconnu que presque tous ont, plus ou moins, besoin d'être précédés, soutenus, accompagnés de l'étude des sciences exactes, pour être exercés honorablement; mais l'architecture, sur-tout, doit marcher indispensablement, constamment avec elles, dans toutes leurs divisions; car il ne suffirait pas de se renfermer dans ce qu'on appelle *mathématiques*, considérées comme science du calcul des nombres; il faut, dans cette espèce, les posséder dans toutes leurs ressources, les suivre dans tous leurs développemens, les saisir dans toutes leurs propriétés. Ainsi, la géométrie, la statique, la mécanique, l'optique, etc, qui en sont parties intégrantes, méritent encore autant d'études spéciales.

Sans elles parviendra-t-on jamais à connaître, à apprécier, à appliquer opportunément les lois du mouvement, celles de l'équilibre des corps? à prévoir, à maîtriser sur-tout l'action ou la répulsion des forces mouvantes? sans elle atteindra-t-on jamais le véritable terme où doit se fixer l'économie des oppositions à la résistance ? déterminera-t-on efficacement la somme de solidité qui doit lutter contre les accidens de la mobilité du sol, braver les atteintes de l'intempérie, défier la fureur des orages, affronter les ravages des siècles ? sans les sciences, perfectionnera-t-on les formes, offrira-t-on aux observateurs exercés ces aspects brillans et heureux qui satisfont l'âme en même temps qu'ils flattent les regards par la grâce et la noblesse de la stucture, par la sagesse et l'économie des proportions ? Non sans doute; aussi, suis-je loin de penser qu'aucun argument vienne détruire ceux que je pose ici, dans l'intérêt de l'art.

Cependant il est vrai de le dire, la France est inondée d'architectes, ou au moins d'hommes qui se décorent fastueusement de ce titre qui n'appartient qu'à quelques élus. Ce qui est toutefois digne de remarque, c'est qu'avec un grand nombre de modèles qu'on s'énorgueillit tant d'énumérer, et que l'on vante avec tant d'emphase, on n'ait encore produit rien d'équivalent ; sans doute, il est beau de rappeler les chefs-d'œuvre de Delphes, d'Olympie, d'Elis, d'Athènes et de Rome ; il est louable de parler des temples de Minerve, d'Erecthée, de Pandrose et de Thésée ; de signaler à l'admiration, l'Odéon, les Propylées, et le Parthénon au sommet de l'Acropolis ! mais à quoi bon, si l'on se borne à copier *servilement*, sans rechercher, dans l'étude des documens élémentaires, les ressources d'honorables *imitations*, ou des créations heureuses ? Si parfois quelqu'un s'avise d'innover, on ne reconnaît plus l'artiste, mais bien le froid *imaginateur*, parce qu'il a osé s'élever au mépris de la véritable science.

Ce n'est pas tout encore, il faut que l'architecte soit familiarisé avec l'histoire sacrée et profane, ancienne et moderne; qu'il possède la fable; qu'il soit versé dans la connaissance de l'histoire naturelle, afin qu'il juge sainement des propriétés du sol, de la densité des corps, de la qualité des métaux; il faut..... mais je m'arrête, pour ne pas effaroucher les aspirans, pour ne point ralentir les jeunes courages; j'ai suffisamment assigné les principes vrais sur lesquels l'enseignement d'un art si précieux doit se bâser, pour atteindre au degré de perfection, digne de son noble but; d'un art dont les chefs-d'œuvre ont restitué tant de noms chers, à la mémoire des hommes.

Mais, sans ces principes, vainement, pour faire valoir cet art, s'honorera-t-on du titre d'émule des Vitruve, des Vignole, des Palladio! vainement attestera-t-on les monumens de l'architecture antique, comme l'archetype de l'exécution moderne! les constructions dont notre âge est témoin repoussent cette jactance; des assertions ne détruisent pas des faits.....

Malheureusement chaque profession à ses empiriques; mais, de ce que tout dans l'univers n'atteint point à la perfection, ce n'est point un motif pour ne pas rendre hommage à l'art, en lui-même, comme à ceux qui, en le cultivant, étendent le plus le cercle de la perfectibilité.

Le colonel VIALLA DE SOMMIÈRES.

Chevalier de l'Ordre royal et militaire de Saint-Louis, et de l'Ordre royal de la Légion-d'Honneur.

NAVIGATION INTERIEURE DE LA FRANCE.

RAPPORT AU ROI

Sur la Navigation intérieure de la France.

(SECOND ET DERNIER ARTICLE.)

SI nous nous livrons maintenant à l'examen des vues du gouvernement, aux douces espérances qu'il a conçues pour réaliser cette grande œuvre de régénération commerciale, cette œuvre de bien public qui amenerait les résultats industriels et agricoles qu'attend la France impatiente de bonheur, le premier avantage serait l'application des capitaux inertes, que l'agiotage consacre à des spéculations improductives : le second, serait de donner une impulsion nouvelle, un mouvement créateur à l'industrie agricole et manufacturière, et d'acroître la richesse nationale, en facilitant les échanges et en offrant une masse plus considérable de produits à la consommation intérieure; celui de ménager les routes fatiguées par un roulage destructeur ne viendrait qu'en seconde ligne.

Mais écoutons M. Becquey lui-même : il nous offre un tableau que nous ne ferons qu'ébaucher.

« Depuis le commencement du siècle, l'industrie a pris en Europe un essor inconnu jusque-là. La Nation française ne pouvait pas rester étrangère à ce mouvement général. Une culture plus variée et mieux entendue à augmenté nos produits agricoles ; nos manufacture-rivalisent avec celles des autres Peuples, et les surpassent même en plusieurs points. Nous créons, dans tous les genres, de nouvelles richesses ; et une émulation qui ne s'arrêtera pas, multipliant chaque jour les produits, nous impose le devoir de multiplier aussi les moyens de circulation.

» En effet, aucun pays n'a plus d'intérêt à un grand développement de communications que cette belle France, qui, par son étendue, par sa position géographique et l'heureuse disposition de ses habitans, renferme dans son sein les élémens du commerce intérieur le plus actif. Placée entre la Méditerranée et l'Océan, elle reçoit directement les produits du Levant et du Couchant ; et, plus favorisée que la plupart des autres Etats qui se trouvent tout entiers sous les zônes méridionale ou septentrionale, elle réunit les deux climats particuliers à ces deux zônes, et voit naître ainsi sur son propre sol les produits les plus divers, qui deviennent l'objet d'un échange continuel du nord au midi.

» Mais on ne peut jouir complètement des avantages de cette situation, qu'à la faveur de communications nombreuses, faciles et économiques. C'est par elles qu'il s'établit, entre les provinces les plus éloignées, des relations profitables pour toutes : car alors, les productions particulières au sol, ou à l'industrie de chacune d'elles, circulent sans obstacle dans l'intérieur du royaume et arrivent jusqu'aux extrémités.

» Aussi l'administration a-t-elle toujous cherché à établir les communications de la France, par les lignes de navigation qui joignent les deux mers, et par celles qui mettent en relation les points les plus opposés du territoire. La haute utilité de ce plan est trop évidente, pour que j'aie besoin de démontrer ici la nécessité d'y rattacher les opérations ultérieures. »

M. le directeur-général des ponts et chaussées, après avoir ainsi tracé d'un pinceau vigoureux, ce tableau de nos espérances, reporte ses vues sur les moyens d'exécution.

Il trouve que les travaux à exécuter pour nous faire jouir sur les principales lignes, des bienfaits de la navigation artificielle, de l'amélioration de celle naturelle, entraîneraient à une dépense de 237,000,000; somme qui n'est considérable, que comparativement à nos habitudes actuelles; qui ne serait qu'une faible *charge*, si on y adaptait des fonds d'après les divers modes d'exécution qu'on peut emprunter aux sciences exactes; elles peuvent montrer une *source de profits inespérés pour les entrepreneurs*, si l'on y appliquait sur-tout les ressources de *l'intérêt composé*. Nous l'avons fait pressentir dans une publication, qui date du mois de septembre dernier, et nous espérons sous peu pouvoir en développer dans la pratique les résultats incalculables.

C'est avec raison que le savant administrateur attend de l'association l'action qui doit animer la navigation intérieure. L'association est aux entreprises des travaux publics, ce qu'est en mécanique l'union des forces portées sur un point unique; mais, comme il le fait sentir, il faut que l'esprit spéculatif et commercial quitte les sentiers battus de la routine, s'élève à des considérations plus importantes et embrasse avec étendue les perfectionnemens de notre navigation.

Nous ne suivrons pas les divers modes de concession que parcourt et reproduit le rapport. L'espèce d'hésitation que nous avons remarquée dans cette exposition, peut naître plutôt de la sagesse qui propose timidement, que d'une crainte qui empêche de concevoir le bien, et ôte la force de le faire.

Dans une partie de ce rapport, on discute la question de savoir, s'il importe que la concession soit temporaire ou perpétuelle. Nous ne nous livrerons pas aux considérations qui naissent de la politique, de l'expérience qui a réussi à nos voisins, pour en saisir une qui naît du calcul. Nous allons nous occuper de résoudre cette question : Quel est l'avantage du concessionnaire, d'avoir une concession plus ou moins prolongée? cette question inverse de l'annuité revient à celle-ci : un particulier doit recevoir annuellement une somme de 1000 fr., par exemple, pendant un nombre donné d'années, après lesquelles son débiteur sera libre envers lui. On demande quelle somme comptant il aurait à recevoir? la table ci-après, donne les résultats de 10 en 10 années à divers taux.

On y voit que, 1°. le taux augmentant, la somme à recevoir est d'autant moindre; ainsi, mille francs à trois pour cent pendant cent ans, seraient acquités par 31,599 fr. et à six pour cent, par 16,618 fr. ; à huit pour cent on trouverait qu'elle équivaudrait à 13,539 fr.

2°. Que le taux augmentant, la différence entre la concession fixée de deux époques est moindre; ainsi, à 60 ans par exemple, et à 100 à trois pour cent, cette différence serait 3,923 fr. ; à quatre pour cent, elle serait à 1882 fr. ; à cinq pour cent, elle devient 919 fr. ; à six pour cent, elle s'évalue par 457 fr. ; à huit pour cent, elle serait de 224 fr. ; ainsi, de deux concessionnaires le premier qui consentirait à n'avoir qu'une prime de 300 fr. la première année, et un revenu de 1000 fr. pendant 60 ans, sur un capital placé à huit pour cent, aurait un avantage sur celui qui recevrait 1000 fr. par an, pendant cent années. Cet avantage s'éleverait à 6786 f. 78 c.; ainsi la concession perpétuelle, et c'est la conclusion que nous en voulons tirer, est à-peu-près nulle dans les intérêts des particuliers, et elle est en pure perte pour le gouvernement; il est encore de ces données, possible de tirer un corollaire pratique, que le gouvernement qui ne capitalise jamais, doit plutôt sacrifier un avantage particulier du moment, en conservant les espérances de l'avenir.

Exprimer ainsi notre pensée, c'est démontrer que nous avons raison contre l'opinion qui paraîtrait pencher pour le mode de concession perpétuelle, préférablement à celui d'une concession temporaire. Il est plus utile d'éclairer les Peuples et le gouvernement; les premiers, pour leur faire préférer un avantage moins important, mais actuel; Le second, pour l'engager à conserver l'avenir à nos neveux, et se réserver des ressources dans des occasions pénibles, et qu'il lui importe de préparer.

Ce rapport présente, outre la considération de la durée les divers modes de concession, celui où les travaux seraient entrepris et suivis par les particuliers sous l'inspection de l'administration. L'intérêt privé aurait ici toute son énergie, et on sait avec quelle exactitude il sait faire tourner à son profit les chances qui lui sont présentées. Le second mode, celui qui présente plus de certitude, mais sourit moins à la spéculation, est celui d'après lequel le capitaliste se bornerait au versement périodique et régulier des sommes fixées auxquelles les dépenses sont évaluées, laissant à l'Etat le soin d'exécuter.

Un mode ingénieux est ensuite rappelé; c'est celui qui a été adopté relativement au prêt fait pour le pont de Bordeaux. On a fixé un minimum et un maximum de péage; la perte ou le bénéfice se partage entre ces deux limites, et elle est supportée par portion égale entre le gouvernement et les concessionnaires.

Tous ces modes proposés, rappelés, discutés, appréciés, prouvent que l'administration n'a pas encore une fixité de vues telles, qu'elles puissent déterminer le mouvement à donner à ces importantes et utiles spéculations, elle paraîtrait plutôt devoir recevoir l'impulsion que de la donner.

Après cette suite d'observations, M. le directeur-général des ponts et chaussées termine son rapport par l'exposition franche et désintéressée de ses vues: nous ne pouvons mieux faire que de le citer.

« Tout annonce que la plupart des capitalistes donneront la préférence à ce dernier mode de concession; mais l'administration accueillera avec le même empressement les autres combinaisons qui lui seront offertes, pourvu qu'elles se concilient avec l'intérêt public. Des moyens divers peuvent produire le même résultat : ce qui importe, c'est d'appeler le concours de toutes les vues et de tous les efforts, pour faire entrer le pays en jouissance des biens que la nature lui a départis, et qui ne demandent, pour se développer, que l'action soutenue du gouvernement.

» Quelque soit, au surplus, le systéme de concession, l'administration ne perdra jamais de vue que mieux elle assurera l'exécution des conditions, moins elles seront onéreuses pour l'état, parce que le crédit public se fonde sur les mêmes bâses que le crédit particulier. D'ailleurs, le gouvernement du monarque auteur de la Charte, n'offre-t-il pas toutes les garanties? On n'en peut redouter ni trouble, ni spoliation : c'est depuis que les Bourbons sont remontés sur le trône, que les engagemens de l'état sont devenus sacrés, et qu'il a été permis d'appeler avec succès la confiance publique. Les capitalistes qui prendront part au perfectionnement de notre navigation, trouveront dans la forme même des transactions toute la sécurité que donne la puissance de la loi.

» Je me suis sur-tout appliqué à entretenir votre Excellence, des moyens divers qui se présentent pour accélérer la construction des canaux. J'ai dû m'étendre moins sur les avantages que la France en doit retirer, puisqu'il n'est personne qui puisse en douter. Mais je n'omettrai pas une considération qui a déjà frappé l'esprit du ministre à qui le roi confie particulièrement le soin de la classe indigente ; c'est que les travaux nécessaires à l'établissement de ces communications si utiles, sont déjà des bienfaits publics. Les capitaux destinés aux grands travaux, se partagent sur les lieux mêmes en approvisionnemens de matériaux et en salaires d'ouvriers. Ces masses de travail, distribuées sur tous les points du royaume, feront circuler l'argent dans des localités depuis long-temps épuisées, et y sèmeront des germes de prospérité que l'existence des canaux développera ensuite. »

Ce rapport est suivi d'une statistique de la navigation naturelle ou artificielle qui existent ou peuvent être créees en France, et terminée par une carte dont la belle exécution ne laisse rien à désirer. De pareils rapports dans des temps de calme illustreraient une époque ; ils sont pour nous une preuve de la constante sollicitude du gouvernement, et du zèle et des lumières qu'il a rencontrées dans ceux auxquels il à confié les rènes de l'administration.

BERTHÈVIN.

Nota. Vu l'abondance des matières, la table mentionnée dans l'article précédent sera donnée dans le prochain cahier avec celles concernant l'article sur la Caisse hypothécaire.

ARCHITECTURE GOTHIQUE.

Description de l'Eglise cathédrale d'Amiens, *par M.* Jeannin.

(SECOND ARTICLE.)

Les deux premiers monumens qu'on aperçoit en entrant dans la cathédrale, par la porte du milieu, sont à droite et à gauche, les deux tombes en cuivre des évêques Evrard et Gaudefroi, fondateurs de cette basilique. Leurs tombeaux, originairement placés dans le milieu de la nef, furent transférés, en 1762, aux deux côtés du grand portail.

La tombe à droite est celle d'Evrard, celui qui posa la première pierre de l'église.

Cet évêque est représenté avec ses habits pontificaux. A ses pieds sont deux dragons ou serpens avec des pieds. Deux clercs, prosternés à ses cotés, tiennent chacun un cierge allumé; au-dessus, deux anges, dans la même position, dirigent leurs encensoirs fumans vers le chef du prélat. La tombe est supportée par six lions. On lit autour, en lettres gothiques, une inscription en vers léonins, c'est-à-dire qui riment au milieu et à la fin.

On doit remarquer, ici, que le tombeau d'Evrard est garni de maçonnerie pour indiquer que c'est lui qui a fait construire les premiers fondemens de l'église.

La tombe de Gaudefroi, placée à gauche, quoique moins ornée, repose sur les mêmes animaux que celle de son prédécesseur. Ce fut lui qui, pendant les quatorze années de son épiscopat, éleva les piliers et tout le reste de l'église jusqu'à la naissance des voûtes. Sa tombe n'est pas comme l'autre, assise sur un massif de maçonnerie ni tenant au sol, mais élevée à une certaine hauteur, pour désigner qu'il avait déjà trouvé l'édifice commencé. Elle ne paraît pas avoir été fondue et moulée dans le même temps, ni par le même artiste que celle d'Evrard; le style de l'ouvrage, la différence dans la forme des lettres de l'inscription, ainsi que celle des vers latins, annoncent d'autres mains et une autre plume.

Ces deux tombes ne sont pas en cuivre plein. C'est au peu de matière qu'elles contiennent qu'on doit l'avantage de les avoir conservées.

Un troisième monument s'offre aux regards, sur le premier pilier qui se présente à gauche, l'orsqu'on est arrivé dans le bas côté droit de l'église, c'est le mausolée d'un ancien chanoine, nommé Pierre Mifry. Il est à genoux: saint Pierre, son patron, le présente à un *ecce homo*. Tout ce groupe, en pierre de conty d'un seul bloc, n'a rien de remarquable que son antiquité.

Le premier enfoncement qui se présente au-dessus de la porte collatérale, à droite, donnant sur la rue dite Cloître de l'Horloge, a eu, pour destination primitive, une chapelle dédiée à saint Lambert. Elle fut construite au commencement du quatorzième siècle, des deniers de Henri de Beaupigué. La quantité d'inscriptions qu'on y voit prouve qu'à cette époque la dévotion du peuple envers ce saint était fort grande. Le chef de saint Jean-Baptiste y est resté exposé jusqu'en 1759, temps où il fut transféré dans la chapelle qui porte le nom de ce saint, précurseur du Christ. Cette chapelle n'existe plus.

Je dois faire observer ici, pour éviter les répétitions, que toutes les chapelles, tant de la nef que du chœur, sont défendues par de fort belles grilles en fer, qui ont remplacé les clôtures en bois. Celles de la nef sont toutes de la même hauteur, et façonnées sur un modèle à peu près semblable.

La seconde chapelle est dédiée à saint Christophe : la statue en pierre de ce saint, de grandeur naturelle, est d'un assez bon style ; le mouvement en est heureux ; les formes sont en général très-naturelles. La partie de la draperie n'est pas la mieux soignée. On remarque aisément que les pieds ne sont pas en proportion avec la tête. Le sculpteur pensait à Hercule lorsqu'il l'a travaillée. Nous devons savoir gré à l'artiste d'avoir placé l'enfant Jésus sur l'épaule gauche du robuste saint Christophe, et de s'être éloigné, par cette heureuse idée, de l'usage pratiqué jusqu'à lui, de le mettre à califourchon sur les deux épaules, posture ridicule.

C'est aux largesses d'un chanoine que cette seconde chapelle doit la clôture en fer, et les nouvelles décorations qu'elle a reçues et 1763.

Cette chapelle est une des premières qui ait été construite dans la nef de la cathédrale ; son autel fut béni le 7 avril 1378. La première clôture fut donnée en 1591, par François Couvrechef. On y a vu long-temps le tableau grotesque des tentations de saint Antoine, où trois cochons paraissent en chapes. La grille actuelle, ainsi que les nouvelles décorations, datent de 1765 ; M. Herard, chanoine, en fit les frais.

Avant de passer à la chapelle suivante, il faut considérer sur le second pilier à gauche, un monument funèbre, plus gracieux que le précédent, c'est le mausolée de François Niquet, chanoine de la cathédrale, mort en 1652, ainsi que l'atteste son épitaphe encore très-lisible.

La chapelle de l'incarnation, autrefois chapelle de

l'Assomption, renfermait la statue qui représente ce dernier mystère. Posée maintenant dans la chapelle derrière le chœur, elle a été remplacée par une autre qui représente le mystère de l'incarnation. Cette vierge porte dans les mains son divin enfant. La tête de la mère est noble, belle et décente, mais encore trop petite; la draperie est admirable, quoiqu'un peu maniérée : le Jésus paraît trop petit.

La chapelle de saint Etienne n'a point de statue, mais bien un tableau sur lequel la sainte Vierge est représentée au moment qui précède son départ vers les cieux. On croirait qu'à peine sortie du tombeau, elle dort encore. Deux anges la soutiennent avec grâce, leur attitude exprime le respect. Son fils étend les bras pour la recevoir dans son royaume céleste.

Plus loin, est une chapelle sous l'invocation de sainte Marguerite. La statue en pierre qu'on y voit a été exécutée par un artiste estimé d'Amiens. L'intérieur est revêtu d'un marbre naturel de différentes couleurs. Cette chapelle est belle, mais triste : comme elle se trouve moins éclairée que les autres, il aurait fallu des couleurs plus vives et plus éclatantes.

En poursuivant sa route au sortir de la chapelle de sainte Marguerite, on rencontre à gauche, avant de monter cinq degrés qui séparent le chœur de la nef, une chapelle clôse par une balustrade toute en cuivre : elle est sous l'invocation de Notre-Dame-du-Puy. Le tableau de l'autel représente l'assomption de la Vierge : il a été peint en 1628, par un peintre estimé de l'école flamande. Cette chapelle parallèle avec celle de saint Sébastien, est unique dans ses décorations. On y voit la sainte Vierge, la lune, un phénix, etc. Les statues de grandeur naturelle, rondes bosses en pierre, qu'on voit, tant sur les côtés qu'au-dessus de l'autel, sont encore de l'infatigable Blasset. La première à droite est une Judith tenant à la main la tête d'Holopherne. Celle qui est placée au-dessus représente le roi David, tenant à la main un rouleau à moitié délié, avec cette inscription : *La reine est placée à votre droite*

Au côté opposé, on voit Esther ; et dans le haut, Salomon tenant d'une main une feuille à moitié déroulée, sur laquelle on lit ces paroles : *Elle s'est élevée du désert, remplie de délices.*

Des deux côtés s'élèvent deux belles colonnes de marbre noir d'Italie. Les chapitaux de ces colonnes, d'ordre corinthien, sont dorés. La frise est ornée de rinceaux d'une assez belle exécution.

On voit dans le haut de cette chapelle la statue de Notre-Dame-du-Puy, de grandeur presque colossale ; la tête est ornée d'une auréole d'un assez mauvais goût. La Vierge tire de la main droite un enfant hors d'un puits, dont le partie extérieure et ronde porte à peu près un mètre de hauteur.

A droite, en longeant les murs de la croisée, à partir de la dernière chapelle da la nef, et en face de la chapelle de saint Charles Borromée, on remarque quatre reliefs enchassés chacun dans des ogives surbaissées, dont les pierres sont dentelées avec goût. Ce travail a exigé plus de patience que d'adresse. Les figures, en pierre, sont groupées : elles étaient originairement dorées; le tout est assez bien conservé, à l'exception d'un diable qui tente saint Jacques. Les inscriptions altérées encore plus par le temps que par la malveillance, sont absolument indéchiffrables.

Ce côté de l'église se termine par une porte qui conduisait autrefois au bureau des archives du chapitre. Ce local qui a un issue sur la rue, est maintenant occupé par un des serviteurs de l'église.

En allant de là à la chapelle de saint Charles Borromée, placée en face du spectateur, on rencontre à sa droite un tambour qui masque l'entrée du portail dit de la vierge dorée.

(*La suite à un prochain cahier.*)

ASTRONOMIE.

EXPOSITION DES DIFFÉRENS SYSTÈMES QUI ONT ÉTÉ ÉTABLIS SUR LA FORMATION DE L'UNIVERS.

L'établissement d'un système sur l'arrangement et l'assemblage des corps célestes, ainsi que sur la disposition des orbites planétaires a été, dans tous les siècles, l'objet des recherches des plus grands astronomes,

Les principaux systèmes qui ont été inventés se réduisent à quatre : le système de *Ptolémée*, le système des *Egyptiens*, le système de *Copernic*, et le système de *Tycho-Brahé*.

Nous nous proposerons, dans ce qui va suivre, de mettre nos lecteurs à portée de connaître et de comparer ces différens systèmes ; nous leur expliquerons ensuite les motifs qui ont fait donner la préférence à celui de *Copernic*.

Système de Ptolémée. Les anciens astronomes qui n'avaient que des notions très-imparfaites sur le mouvement des planètes, et qui manquaient de moyens suffisans pour déterminer la véritable disposition de leurs orbites, ne se sont presque jamais accordés sur l'établissement d'un système planétaire.

Pythagore et quelques-uns de ses disciples pensaient que la terre était immobile au centre de l'univers ; ce qui peut paraître assez naturel aux personnes qui ne possèdent aucune connaissance en astronomie. Dans la suite, plusieurs de ses disciples se sont écartés de cette opinion, et ont fait de la terre une planète, en plaçant le soleil immobile au centre du monde.

Quelque temps après, Platon, Ptolémée, Archimède, Pline et plusieurs autres astronomes firent revivre le système que Pythagore avait établi.

L'Almageste de Ptolémée est le seul livre qui nous soit parvenu sur l'astronomie des anciens, et c'est pour cette raison que le système dont nous venons de parler a pris le nom de cet astronome.

Il essaie de prouver, dans son ouvrage, que la terre est immobile au centre du monde, et il place les autres planètes autour d'elle, dans l'ordre suivant : la *Lune*, *Mercure*, *Vénus*, le *Soleil*, *Mars*, *Jupiter* et *Saturne*.

Système des Egyptiens. Les premiers astronomes avaient remarqué que Vénus ne s'écartait jamais du soleil de plus de 45 degrés; mais, dans la suite, les Egyptiens pensèrent que si cette planète faisait, comme le soleil, ses révolutions autour de la terre, elle devait se trouver souvent en opposition avec lui, et ils partirent de cette hypothèse pour expliquer comment cette planète peut, en faisant ses révolutions autour du soleil, paraître plus ou moins brillante dans certains temps, sans jamais cesser, pour cela, de l'accompagner.

Dans le système des Egyptiens, la Terre est placée au centre du monde, et elle est environnée immédiatement par l'orbite du Soleil. Cet astre est entouré par les orbites de Mercure et de Vénus.

Système de Copernic. Ce fut le système des Epyptiens qui donna lieu à celui que Copernic, célèbre astronome, nous a transmis, et qui, depuis plus de trois siècles, sert de base fondamentale à l'astronomie.

Dans son système, il plaça : 1°. le Soleil au centre du monde; autour de cet astre, il fit tourner, d'occident en orient, suivant cet ordre : Mercure, Vénus, la Terre, Mars, Jupiter et Saturne. Quant à la Lune, elle continua de faire aussi, d'occident en orient, ses révolutions autour de la Terre, pendant que celle-ci était entraînée autour du Soleil. 2°. Il supposa que la Terre tournait dans l'intervalle d'un jour, d'occident en orient, autour d'un axe qui reste constamment parallèle à lui-même.

La simplicité de ce système suffit pour le rendre évident aux yeux des personnes les moins éclairées, et qui veulent consentir à ne pas se laisser toujours séduire par des apparences souvent trompeuses.

En effet, lorsque l'on considère cette immense concavité du ciel parsemée d'une quantité innombrable d'étoiles placées toutes à des distances énormes de la terre; les planètes qui ont chacune un mouvement propre indépendamment du mouvement commun, les comètes qui paraissent de temps en temps parmi elles : quand on réfléchit, enfin, à la petitesse de la terre comparativement à la distance prodigieuse qui la sépare des autres planètes, il n'est plus permis de croire que les corps célestes puissent faire leurs révolutions en vingt-quatre heures autour de notre globe, et il devient absolument impossible d'imaginer quelles sont les causes qui pourraient déterminer tous ces corps à se mouvoir de cette manière, sur-tout lorsque les mouvemens qui leur sont particuliers font voir qu'ils n'existe entre eux aucune relation.

Plusieurs astronomes, et notamment Ptolémée, ont écrit contre le mouvement de la terre; voici ce que ce dernier a dit dans son Almageste ;

« Si la terre tournait, un oiseau qui serait en l'air, » la verrait fuir sous lui ;il verrait ses petits et son nid » entraînés par le mouvement diurne de la terre vers » l'orient, et n'oserait jamais s'éloigner de sa surface » dans la crainte de les perdre de vue. »

Copernic, Kepler et plusieurs autres astronomes ont démontré l'absurdité de ce raisonnement; cependant nous croyons devoir donner à nos lecteurs une preuve convaincante du mouvement de la terre, afin qu'ils puissent se mettre en garde contre toutes les fausses assertions que l'on rencontre quelquefois dans certains livres où il est question de faits astronomiques.

Un projectile qu'on lancerait perpendiculairement vers le ciel, retomberait exactement au point de son départ, quoique, pendant le temps qu'il serait en l'air, la *Terre* aurait avancé vers l'orient; la raison en est toute simple : le projectile en montant ne perd rien de la vitesse que le mouvement de la Terre lui a communiquée lorsqu'il tenait à sa surface ; ces deux impressions ne sont point contraires: le projectile peut faire un myriamètre dans son ascension, pendant qu'il en fait dix vers l'orient; mais lorsqu'il retombe par l'effet de sa pesanteur, il retrouve le point d'où il était parti.

Pour que le projectile restât en l'air, sur une même ligne perpendiculaire au point d'où il serait parti, sans tourner avec la Terre, il faudrait que quelque cause dans l'atmosphère détruisit l'impression qu'il aurait reçue par le mouvement de la terre; mais on n'en connaît aucune. Ce projectile doit donc continuer de tourner autour du centre de la terre, lors même qu'il s'en écarte.

La première et la plus générale des lois du mouvement, est qu'un corps, déterminé une fois à se mouvoir dans une direction, persiste dans cet état, s'il n'y a pas de cause qui retarde ou anéantisse son action :

cette loi se vérifie dans tous les cas ; il n'est donc pas étonnant que les oiseaux, les nuages, les projectiles ne cessent point de suivre le mouvement de la Terre, même lorsqu'ils s'en éloignent.

Copernic, engagé dans le sacerdoce, et voyant que son système était en contradiction avec l'Ecriture-Sainte, voulut éviter les persécutions du Saint-Siège, en dédiant son ouvrage au pape Paul III, et en n'affirmant qu'avec une extrême réserve ce qui pouvait scandaliser les théologiens.

Néanmoins, les inquisiteurs et les prêtres qui n'avaient pu trouver dans la physique et dans les mathématiques le moyen de détruire ce système, eurent recours à quelques passages de la Bible, et notamment à celui où il est dit : *que Josué combattant contre les Gabaonites, commanda au Soleil de s'arrêter, afin d'avoir le temps de les exterminer.*

Les disciples du célèbre astronome répondirent avec beaucoup de calme et de sagesse à cette assertion vraiment digne des temps de ténèbres et de barbarie.

Dans la suite, les astronomes rendirent à Copernic toute la justice qui lui était due ; et dès l'an 1600, Galilée, Képler, et les plus grands philosophes furent de son avis, et n'élevèrent plus aucun doute sur le mouvement de la terre.

Dans le système de Copernic : le Soleil est placé au centre ; les planètes font leurs mouvemens de rotation autour de lui, dans l'ordre suivant :

Mercure, Vénus, la Terre, Mars, Jupiter et Saturne.

Les distances de ces planètes au Soleil, sont entre elles comme les nombres 4, 7, 10, 15, 52 et 95, en supposant, toutes fois, trois millions de lieues communes de France, pour chacune des unités contenues dans ces nombres.

Système de Tycho-Brahé. Si le système que Tycho-Brahé a établi, a beaucoup d'analogie avec celui de Ptolémée à cause de l'immobilité de la terre, il en a encore beaucoup plus avec le système de Copernic, puisqu'il admet, comme l'a fait ce dernier astronome, le mouvement de rotation des cinq autres planètes autour du soleil.

Dans le système de Tycho : la Terre est placée au centre de la figure; elle est environnée par les orbitres de la Lune et du Soleil. Les cinq cercles décrits autour du soleil comme centre, représentent les orbites de Mercure, de Vénus, de Mars, de Jupiter et de Saturne. Le Soleil, accompagné de ces cinq orbites doit tourner autour de la Terre.

Ce système avait déjà été soutenu en partie par les Egyptiens; mais Tycho, voyant que Vénus et Mercure faisaient leurs révolutions autour du Soleil, pensa qu'il devait en être de même à l'égard des trois autres planètes. Copernic avait démontré avant cet astronome, d'une manière très-simple, les phénomènes qui résultent des stations et des rétrogradations de toutes les planètes, lorsqu'elles font leurs révolutions autour du Soleil, et Tycho était trop éclairé pour ne pas apercevoir l'élégance et la vérité de ce système; mais son respect pour l'Ecriture-Sainte, ou plutôt la crainte qu'il avait d'être persécuté par les moines, l'a empêché, sans doute, d'adopter le mouvement de la Terre.

Dans ses lettres à Rothman, sur l'astronomie, Tycho a fait plusieurs objections contre le mouvement de la Terre et contre le système de Copernic; ces objections ont été complétement détruites par les astronomes qui lui ont succédé, et il est prouvé maintenant que ce système est le seul que l'on puisse admettre.

Il paraît que l'église toujours disposée à repousser tout ce qui lui semblait être en contradiction avec l'Ecriture-Sainte, n'a jamais pris de décision formelle contre le système de Copernic. Cependant il existe un décret de la congrégation des évêques-inquisiteurs, du 5 mars 1616, contre les ouvrages de cet astronome; et une sentence contre Galilée, du 22 juin 1633, qui condamne ce grand homme à reconnaître l'absurdité du système de Copernic; mais cette sentence ne porte pas même que ce système soit une hérésie formelle; elle déclare seulement qu'il est suspect d'hérésie.

Au surplus, les sentences que nous venons de citer ne peuvent nuire en aucune manière au système de Copernic, puisqu'elles émanent de congrégations presqu'entièrement composées d'hommes étrangers aux sciences exactes et sur-tout à l'astronomie.

Euler, le plus grand géomètre du siècle dernier, a, dans ses lettres sur la physique à une princesse d'Allemagne, prouvé qu'il n'existe pas d'autre incompatibilité entre le système de Copernic et l'Ecriture-Sainte, que celle que de prétendus esprits forts peuvent faire naître suivant les diverses passions qui les agitent, soit comme athées, soit comme matérialistes; et il a fait voir, au contraire, que ce systême est le seul qui puisse s'accorder avec les principes, sur lesquels la religion catholique est fondée.

M^{ce}. JEANNIN.

OBSERVATOIRE ROYAL DE MARSEILLE.

Découverte d'une nouvelle Comète.

M. BLANPAIN, Directeur de l'Observatoire royal de cette ville, et membre de l'Académie, à qui cet important établissement doit, depuis onze ans, toute l'utilité absolue, dont il est, pour l'astronomie *en elle-même*, et pour la société à qui cette belle science sera redevable en particulier d'une collection d'observations aussi multipliées que précieuses, d'un grand nombre de comètes qu'il a à publier et qui découvrit en novembre 1819, et observa assiduement, pendant deux mois, la dernière qui ait été observée, vient encore d'en découvrir une nouvelle, jeudi, 25 janvier, à 7 heures 18 minutes du soir, dans la constellation de *Pégase*, près de l'étoile γ (autrement dite *Algenib*).

Il a fait cette découverte en explorant attentivement le ciel, au moyen d'une très-faible lunette de nuit; exploration qui continue d'être, pour cet infatigable et habile astronome, un objet d'occupation entièrement assidue et, en même temps, comme un *délassement* à tous ses autres travaux journaliers.

Cette Comète se voyait assez bien avec la lunette, au moment où M. Blanpain l'a aperçue. Son noyau était très-marqué, mais mal terminé, et d'une lumière à peu-près égale à celle d'une étoile de 7me à 8me grandeur. Ce noyau était entouré d'une faible chevelure, sensiblement ronde, d'environ 4 minutes de diamètre, et il était accompagné d'une queue, également faible de lumière, d'une forme assez régulière, d'environ un degré et demi de longueur, et un peu plus large à son extrémité qu'à sa naissance. La direction de cette queue était à-peu près opposée à celle du soleil, par rapport au noyau.

Dès que M. Blanpain eut trouvé ce nouvel astre, il s'empressa d'en prendre la configuration avec plusieurs des étoiles voisines. Il fit ensuite une *première* opération pour connaître d'abord *à peu près* sa position absolue; opération de laquelle il conclut qu'à huit heures 54 minutes du soir, temps *vrai*, à Marseille, l'ascension droite du même astre était d'environ 360 degrés, et sa déclinaison d'environ 16 degrés et demi, boréale.

Il s'occupa, immédiatement après, des disposition nécessaires pour déterminer cette position absolue *avec précision*, au moyen de la lunette parallactique; mais une brume assez épaisse, dans laquelle la comète ne tarda pas à se trouver enveloppée, (jointe à un léger accident qui survint), ne lui permit que de la comparer deux fois, en ascension droite et en déclinaison, à une petite étoile, assez peu éloignée, qui ne se trouve dans aucun catalogue, mais dont il déterminera incessamment la position.

Le 26 janvier au soir, le même astronome a revu cette comète par un temps également brumeux (dans la partie du ciel où elle se trouvait), et il a d'abord déterminé *approximativement*, comme la veille à huit heures 34 minutes du soir, temps *vrai*, à Marseille, sa position *provisoire*, qu'il a trouvée de 359. 7, *à peu près*, en ascension droite, et de 16 4, boréale, *à peu près*, en déclinaison.

Il s'est empressé ensuite de fixer la position de cet astre *avec précision*, et quoique contrarié par la brume, comme le jour précédent, il l'a comparé quatre fois à une étoile de septième grandeur qui en était très-près, et qui est encore inconnue, mais qu'il déterminera également.

Les positions *exactes* de cette comète ne pouvant être déduites des observations faites par M. Blanpain, à ces deux premiers jours, que du moment qu'il aura eu le temps de déterminer celles des deux étoiles employées, l'objet de cette première annonce ne peut être, pour lui, par conséquent, que de prendre date, et de donner, en même temps, aux autres Astronomes les moyens de la trouver le plus promptement possible; objet qui est suffisamment rempli par les *simples indi-*

cations qui précèdent, vu l'apparence assez remarquable de cet astre, et son peu de vitesse actuelle.

Mais notre zélé et intéressant astronome ne tardera pas sans doute de publier des résultats, *astronomiquement exacts,* de ses Observations de ce nouvel astre; observations qu'il continuera de faire avec tout le soin et toute l'assiduité qu'on lui connaît, et, en suppléant, comme il s'est toujours efforcé de le faire, aux imperfections et à l'insuffisance même, à différens égards; des instrumens de l'observatoire, par la perfection naturelle, très-remarquable, des ses organes, par l'avantage qu'y a joint, pour les observations, l'exercice assidu qu'il n'a cessé de leur donner, depuis sa plus tendre jeunesse, et, enfin, par son dévouement absolu à ses utiles fonctions, qui ne lui permettera jamais d'épargner les fatigues ni les veilles, toutes les fois qu'il sera question, pour lui, de servir l'astronomie.

(*Article commuuiqué.*)

VARIANTES.

PROSPECTUS.

Annuaire des Beaux-Arts, des Sciences et des Lettres, ou Statistique générale des Académies, Bibliothèques, Cabinets d'histoire naturelle, de chimie et de physique; Colléges, Ecoles d'application, de dessin, de musique, de navigation, d'enseignement mutuel, etc.; Jardins et Cours de botanique; Monumens, Musées, Observatoires, Pépinières, Sociétés savantes, Théâtres, etc., etc., de Paris et des départemens; avec les noms des Conservateurs, Directeurs, Professeurs, etc., etc.; publié avec l'autorisation de son excellence le ministre de l'intérieur.

PAR C. O. BLANCHARD BOISMARSAS,

Sous-Chef au Bureau des Sciences et Beaux-Arts.

PREMIÈRE ANNÉE.

Les artistes, les savans, les littérateurs, sentaient depuis long temps le besoin d'un Annuaire spécialement consacré aux établissemens et aux institutions qui concernent les objets de leurs études ou de leurs goûts. Il n'est pas effectivement sans intérêt de voir rassemblés dans un seul et même ouvrage les principaux élémens des trois branches des connaissances humaines qui ont si puissamment contribué à placer notre patrie au premier rang des peuples modernes.

Frappés d'une lacune qui semblait accuser l'indifférence nationale, l'auteur a recueilli sur tous les points du royaume des documens authentiques qui le mettent à même de publier un *Annuaire des Beaux-Arts*, *des Sciences et des Lettres* pour 1821.

Cet ouvrage aurait pu paraître dans le courant de janvier, comme tous les autres Annuaires qui ne se piquent pas d'une exactitude rigoureuse. Mais les soins que l'auteur a apportés dans la rédaction de son recueil, et l'authenticité qu'il a voulu lui imprimer pour le rendre digne de l'intérêt du public, l'ont empêché de le mettre au jour aussitôt qu'il l'aurait desiré. Nous osons assurer que ce léger retard sera suffisamment compensé par les nombreuses améliorations qui doivent en résulter.

L'Annuaire des Beaux-Arts, *des Sciences et des Lettres* paraîtra vers la fin d'avril 1821. Il formera un volume in-8°., imprimé sur beau papier, et *continuera d'être publié*, *chaque année*, *dans la dernière quinzaine de décembre.*

Le prix en est fixé à 5 francs pour les souscripteurs, et à 6 francs pour les non-souscripteurs.

ON NE PAIE RIEN D'AVANCE.

On souscrit à Paris, au Bureau du Mémorial Français, rue Saint-Antoine, n°. 69; chez Poulet, Imprimeur Libraire, quai des Augustins, n°. 9; et chez les principaux libraires des départemens.

Épitre à un député (1), *avec cette épigraphe :*

Est animus tibi, sunt mores et lingua, fides que.
Horat.

Par M. J. de La Montagne, *de Bordeaux, ancien commissaire de la marine.*

Cet homme de lettres est déjà connu par diverses poésies, parmi lesquelles on a remarqué plusieurs traductions des odes d'Horace, et des pièces fugitives, dont un grand nombre a paru dans les recueils périodiques. Il a fait représenter en 1801 une tragédie en cinq actes, intitulée l'*Orphelin Polonais*, dont les journaux du temps ont parlé d'une manière avantageuse.

L'épitre que M. de La Montagne publie aujourd'hui, annonce une plume exercée. Les vers ont du mouvement et de l'harmonie, on applaudira surtout au vœu que forme l'auteur, de voir tous les partis se rallier autour du vénérable législateur de la France. Cette production estimable se distingue éminemment par un profond respect, pour la personne sacrée du Roi, et pour les principes de son gouvernement.

M. B.

---

(1) Cet ouvrage se trouve à Paris, au Bureau du Mémorial Français, rue Saint-Antoine, n. 69 ; chez Poulet, Imprimeur-Libraire, quai des Augustins, n. 9 ; Delaunay, Libraire, Palais-Royal ; au Bureau des Archives, rue Montmartre, n. 154 ; et à
Rouen, chez Renaud, Libraire, rue Ganterie ;
Amiens, chez Caron-Vitet, Libraire, rue St.-Martin ;
Marseille, chez Achard frères, rue Grignau.

Existe-t-il un individu du nom de PIRON , *qui soit ou* NEVEU , *ou* PETIT FILS *de l'auteur de* LA MÉTROMANIE ?

On lit dans la *Gazette de France*, du 12 février, l'article suivant :

« L'auteur de la *Metromanie* a laissé un neveu portant son nom, qui se trouve réduit à un tel état de dénuement, qu'il n'a pas de quoi se faire recevoir a l'hospice des incurables. On doit réclamer en sa faveur l'intérêt des sociétaires de la comédie française ; et on ne doute pas que ce ne soit avec succès. »

Voici une autre version : « Un descendant de Piron qui..... n'a d'autre richesse que le nom de son aïeul, se trouve réduit à un tel état d'indigence, qu'il manque même des avances nécessaires pour se faire recevoir à l'hospice des incurables. Nous souhaitons de n'avoir pas à dire qu'en présentant une requête au Théâtre-Français, ce malheureux a été repoussé..... »

(*Courrier des Spectacles*, etc.)

Nous demandons la permission de proposer contre la teneur de l'un et de l'autre de ces articles, nos scrupules ; ils reposent sur des faits jusques ici hors de doute, dont nous avons sous la main des preuves incontestables, et avec lesquels ne peut guère s'accorder l'existence ou d'un *neveu*, ou d'un *petit-fils* de l'auteur de la *Métromanie*.

Il est de notoriété, à Dijon, parmi les lettrés dont cette ville abonde, qu'*Aimé Piron*, qui y naquit le 1er. octobre 1640, qui y était connu par ses poésies en patois bourguignon, et qui comptait parmi ses amis Santeuil et Lamonnoye ; il est de notoriété, disons-nous, qu'Aimé Piron, mort le 9 décembre 1727, n'a laissé que trois fils, savoir : *Alexis*, l'auteur de la *Métromanie* ; *Jean-Baptiste*, apothicaire, et *Aimé*, oratorien.

Jean-Baptiste, eut pour fils *Bernard*, né à Dijon, le 16 décembre 1718, connu par sa facilité à manier l'épigramme; *Bernard*, se maria en 1774 etmourut *sans postérité*, dans sa patrie, le 9 mai 1812. « En lui, dit M. Girault (*Essais sur Dijon*, page 498), s'éteignit, et le nom et les talens poétiques des *Piron*. »

Nous n'aurions pas besoin, d'après cela, de dire que *Aimé*, l'oratorien, n'a point laissé de postérité, quand il n'aurait pas vécu dans un temps où le célibat des prêtres n'avait encore reçu aucune atteinte.

En voilà sans doute assez pour établir qu'il est difficile qu'il existe, comme le dit la Gazette de France, un neveu d'*Alexis*, l'auteur de *la Métromanie*, et porteur de son nom.

Mais cela ne prouve rien contre l'existence *d'un descendant de Piron* (*Alexis*), *qui n'aurait d'autre richesse* (ainsi que le dit le Courrier des Spectacles) *que le nom de son aïeul*, etc.

Pour fixer là-dessus les idées du public, il suffit de dire qu'*Alexis Piron* avait épousé vers 1741, *Marie-Thérèse Quenaudon*, âgée de 53 ans; qu'à cet âge elle ne pouvait guère lui donner des enfans; qu'elle est morte en 1751; que son mari, qui lui a survécu jusqu'en 1773; n'a point formé d'autres liens, et a laissé, par testament, le peu qu'il possédait, à une nièce de sa femme, en reconnaissance des soins qu'elle avait donnés à sa tante pendant la dernière année de sa vie, et qu'il en avait lui même constamment reçus depuis son veuvage.

Quelles meilleures preuves pourrions-nous administrer du fait que l'auteur de *la Métromanie* n'a point laissé d'enfans, et que par conséquent il est peu croyable que quelqu'un puisse se dire son *petit-fils*.

Ajoutons que tous les faits, dans le détail desquels

nous avons cru devoir entrer, dans l'intérêt de la vérité, et pour prévenir l'erreur à laquelle les sociétaires du Théâtre Français pourraient être induits, nous les garantissons, nous puiserions, au besoin, nos preuves dans des actes authentiques et dans les biographies; nous les puiserions surtout dans des lettres autographes d'*Alexis Piron*, à sa mère, et à *Jean-Baptiste*, son frère, depuis le 10 décembre 1727, jusqu'au 5 avril 1761, que nous avons sous les yeux. Nous avons déjà publié quinze de ces lettres; ce sont celles qui nous ont paru offrir le plus d'intérêt, mais disséminées dans des feuilles périodiques elles sont peu connues et difficiles à rassembler; nous nous proposons d'en faire jouir le public en les réunissant dans un petit volume que nous mettrons incessamment sous presse.

En attendant, concluons que jusqu'à ce que la personne qui fonde des espérances sur l'intérêt que devrait inspirer un *neveu* ou un *petit fils* de l'auteur de *la Métromanie*, tombé dans une extrême indigence, ait justifié d'une manière certaine de sa filiation, il est permis d'en douter.

Sans doute elle avait justifié de la sienne cette petite nièce de *Racine* qui, il y a quelques années, intéressa à son sort, sinon la comédie française, au moins quelques gens de lettres; nous ne pensons pas qu'il lui ait suffi de se présenter comme héritière de cet illustre nom pour être crue sur parole.

C. N. Amanton.

— On lit dans le journal de Marseille du 17 février, l'article suivant :

« La chute subite d'une portion des anciens murs du quai du port de Marseille, a procuré les moyens de reconnaître et de constater que sa maçonnerie, construite, dit-on, en 1623 et 1624, reposait sur le terrain naturel et non sur pilotis, comme on l'avait supposé jusqu'à présent, et que ses fondations n'étaient établies qu'à 2 mètres 80 centimètres de profondeur au-dessous de l'eau.

» La découverte d'un ancien pavé en briques de champ à 30 centimètres environ au-dessous du pavé actuel, dont la superficie est fortement inclinée vers le port, prouve jusqu'à l'évidence que, par suite d'un tassement inégal dans le terrain, ce mur de quai a dû éprouver anciennement un abaissement considérable ; qu'au lieu de le reconstruire entièrement, ainsi qu'il était convenable, l'on s'est borné à le relever d'une quantité suffisante pour arriver à la hauteur de son couronnement primitif, et que l'on a cru consolider suffisamment ses fondations, en faisant planter au-devant de ce mur une file de piquets de moins de 2 mètres de hauteur et 0 mètre 10 centimètres de diamètre.

» Les dispositions prises pour sa reconstruction ont fait disparaître toute apparence de danger pour les maisons voisines, et permettent d'espérer qu'elle sera achevée totalement avant quinze jours.

» Cet événement, qui a eu lieu dans la nuit du 30 au 31 janvier, n'a causé d'ailleurs aucun accident ni pour les personnes, ni pour les propriétés. C'est donc à tort qu'un journal de la capitale a annoncé que c'était une partie des quais nouvellement construits qui s'était écroulée, assertion qui tendrait à inculper les personnes chargées de diriger la confection de ces ouvrages importans. »

Description historique et critique des Statues, bas-reliefs, Inscriptions et Bustes antiques, en marbre et en bronze ; des peintures et sculptures modernes du Musée royal, d'après les dispositions commencées en 1817, par M. Visconti, et continuées par M. le comte de Clarac; ornée de 950 gravures dessinées par M. Devéria, avec des dissertations sur les arts et les antiquités.

Par M. le Chevalier ALEXANDRE LENOIR, *créateur de l'ancien Musée des Monumens français, aujourd'hui administrateur des Monumens de l'église royale de Saint-Denis;*

Suivie de l'histoire des personnages de l'antiquité. Imprimé sur papier fin avec un caractère cicéro neuf interligné, et les gravures sur papier fin double.

Les étrangers et les Français ne cessent d'admirer le Musée, où sont réunis les monumens les plus précieux de l'antiquité et des temps modernes.

En 1814; le Musée n'était composé que de quatorze salles contenant deux cent cinquante-trois monumens; aujourd'hui neuf cent cinquante statues, bustes, bas-reliefs et sarcophages, décorent vingt-deux salles de ce Musée.

Cette grande augmentation de monument est due à l'amour de S. M. LOUIS XVIII pour les arts; il a même fait pour l'honneur national l'acquisition de beaucoup de chefs-d'œuvre, dans le nombre de ceux que voulaient enlever les puissances alliées, lors de leur séjour dans la capitale.

Le Roi a encore fait acheter moyennant une somme considérable les plus belles statues, bustes, bas-reliefs, etc., du riche cabinet de M. Choiseul-Gouffier.

Louis XVIII n'a pas voulu que les étrangers jouissent de ces chefs-d'œuvre; il a aussi fait faire en Italie l'acquisition d'une grande quantité de statues et autres monumens.

Aucun peuple ne peut disputer aux Français la juste

réputation qui leur est acquise à tant de titres dans les sciences et les arts.

Les Français des dix-huitième et dix neuvième siècles sont dignes du règne de Louis XIV, siècle qui a vu naître les plus grands écrivains et les plus célèbres artistes dans tous les genres : le génie d'un peuple honore le souverain; les lettres et les arts ont fait la gloire de Louis XIV.

Depuis plusieurs années des artistes justement célèbres ont gravé partiellement les principaux monumens des antiques du Musée royal. Ils en ont fait des recueils de luxe, dont le prix est au-dessus des moyens du plus grand nombre d'amateurs, et par conséquent des artistes.

L'on ne saurait trop multiplier les chefs-d'œuvre de l'antiquité, pour l'utilité des dessinateurs, des peintres et des graveurs modernes.

Les auteurs de l'ouvrage ont établi leur collection à un prix assez modéré pour mettre toutes les fortunes à même de se la procurer.

Ils ont adopté l'ordre des monumens qui ornent chaque salle, pour faciliter les amateurs qui visiteront les vingt-une salle du Musée des Antiques, de reconnaître l'exactitude de leurs dessins, qui sont tous faits d'après les originaux.

Les étrangers et les Français qui ne peuvent faire le voyage de la capitale, auront, d'après cet ordre de salles, une idée aussi grande que précieuse de la richesse du Musée royal.

Les dessins des monumens de chaque salle sont accompagnés d'un texte explicatif et critique, et d'une gravure représentant la coupe de la salle et les belles peintures ou bas-reliefs des plafonds.

La rédaction, pour tout ce qui concerne la partie

des arts et de l'antiquité ne pouvait être mieux confiée qu'à M. le chevalier *Alexandre Lenoir*, à qui l'on doit l'établissement précieux du Musée des monumens français, par ordre de siècles, etc.

Pour ajouter à l'intérêt des gravures de leur collection, indépendamment de la description pour la partie de l'art, les auteurs y ont joint l'histoire de chaque personnage qui y figure soit en pied soit en buste ou autrement.

La vue des traits d'un homme célèbre fait désirer de connaître les motifs qui lui ont valu l'honneur de la statue.

En outre, c'est le meilleur moyen d'étudier le langage de la physionomie.

Les vingt-deux salles du Musée des Antiques qui compléteront la collection sont ainsi nommées.

Le vestibule. — Arcade de l'entrée de la salle des empereurs. — Salle des empereurs romains; — des Saisons; — de la Paix; — des Romains; — des Centaures. — Arcade de l'entrée de la salle de Diane. — Salle de Diane. — du Candélabre du Tibre. — Arcade qui mène à la salle du héros combattant — Salle du héros dit le gladiateur. — Salle de Pallas. — de Melpomène. — d'Isis ou des monumens égyptiens. — de Psyché. — Arcade qui conduit à la salle d'Haruspice. — Salle d'Haruspice. — d'Hercule et de Télèphe. — de Médée. — Corridor ou salle de Pan. — des Cariatides.

Cette collection sera suivie d'un volume séparé des monumens qui ont été remis aux puissances alliées.

CONDITIONS DE LA SOUSCRIPTION.

On ne paie rien d'avance, chaque souscripteur paiera les livraisons au fur et à mesure qu'elles seront mises en vente.

La quatrième livraison paraîtra incessamment.

Prix de chaque livraison, composée de 10 à 12

gravures, avec 40 à 60 pages de texte, d'après la division de la matière.

Papier fin. 5 fr.

Papier vélin double. 8 fr.

A Paris, chez les éditeurs PRUDHOMME fils et compagnie, rue des Marais, n. 18, faubourg Saint-Germain, et au bureau du Mémorial-Français, rue Saint-Antoine, n. 69.

MÉMORIAL.

On propose de vendre un bien patrimonial situé au petit Saint-Jean-les-Amiens, département de la Somme.

Cette propriété consiste :

1°. En une maison de maître, composée d'une cuisine et d'une salle, de deux chambres et un cabinet au dessus, une cave et un petit jardin d'agrément sur la rue.

2°. Maison y attenant, servant d'habitation à un hortillon, avec cave et grenier, grange et étables.

3°. Plan planté d'arbres fruitiers, et terrain à usage d'hortillonnage et susceptible de tourbage.

Il y aura toutes facilités pour le paiement.

S'adresser, pour connaître les conditions de la vente à Me. BRAJEUX, notaire à *Amiens*, grande rue de Beauvais, n°. 7.

— On propose de vendre ou de louer pour le mois d'août 1821, une maison sise à Amiens, rue du Chapeau de Violettes, n°. 2 : cette maison est peu vaste, mais elle est commodément distribuée, avec cour et caveaux fermés; au rez de chausée, cuisine, deux petites salles et une grande; au premier, quatre chambres, dont trois à cheminées; au dessus, deux chambres, mansardes et grenier.

S'adresser à ladite maison, à Me. DAMAY, avocat.

— On propose de louer pour Pâques prochain, une belle maison rue du Collége, n°. 11, à *Amiens*, avec cour, basse cour, jardin, deux portes cochères, remise, écurie, latrines, bucher et puits. Au rez-de chaussée, cuisine, vestibule, petite salle, office, salle à manger et salon; au dessous, grande cuisine et cave voutées et bien éclairées. Au premier, deux grandes chambres à feu avec alcoves, et deux autres chambres à feu avec glaces. Au deuxième : quatre chambres dont une avec foyer, et deux cabinets; grenier au dessus. Les appartemens sont garnis de boiseries où sont pratiqués des buffets, des armoires et des garde-robes.

S'adresser à M. PIA, *rue Saint-Maurice*, n°. 9, *près Saint-Leu*, à AMIENS.

TABLE DES MATIÈRES

CONTENUES

DANS LE SEPTIÈME VOLUME.

MORALE RELIGIEUSE.

SCIENCES.

CRITIQUE LITTÉRAIRE.

POÉSIE.

MÉLANGES.

LITTÉRATURE ÉTRANGÈRE.

BEAUX-ARTS.

SPECTACLES.

NOUVELLES SCIENTIFIQUES, etc.

SOCIÉTÉ DES BONNES-LETTRES.

FIN DE LA TABLE DU SEPTIÈME VOLUME.

www.ingramcontent.com/pod-product-compliance
Ingram Content Group UK Ltd.
Pitfield, Milton Keynes, MK11 3LW, UK
UKHW020337230726
13925UKWH00003B/842